JN291393

SOIL FAUNA
土の生きものと農業

Nakamura Yoshio
中村 好男

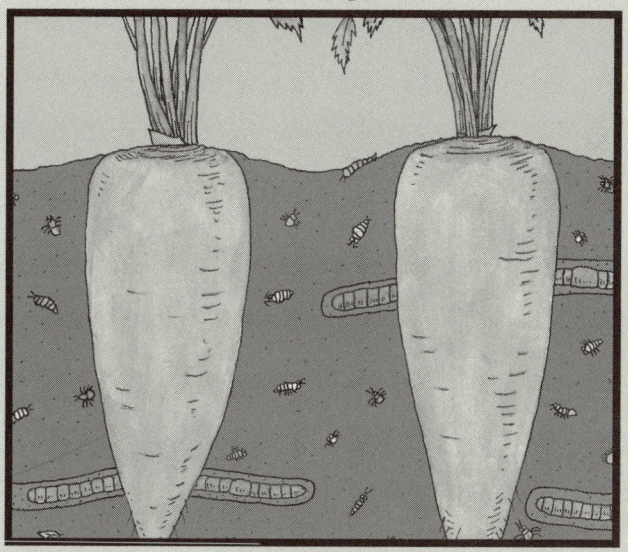

創森社

土壌動物は健康な土のモノサシ～序に代えて～

　土壌が肥えているか痩せているか、死んでいるか生きているか、健康なのか不健康なのか……。それを測る物差しはどんなものでしょう？

　土壌が肥えているかどうかは、作物を育ててみれば、その生長の良し悪しで予想できます。しかしその土壌が生きているのか、健康なのかの判断はつきません。その土壌から収穫された作物が美味しいのか栄養があるのか、ましてや食べてよいのか悪いのかは、とてもわかりません。なにかを信頼して食べざるをえないのが現状です。

　世論調査（『朝日新聞』2004年8月28日）では、食品の購入に際して重視するのは「値段や味よりも安全」という人が7割、また表示の中で最も関心の高いのは「産地」となっていました。ところが、それなりに消費者が選択した食品も、その成分が50年前と比べかなり異なっているのです。『日本食品標準成分表』の2000年版と1951（昭和26）年版を比べてみると、例えばジャガイモのカルシウム含量は23％（可食部100ｇ当たり13mg→3mg）、トウモロコシは24％（21mg→5mg）に減少しています。わが国の農地の土壌を定期的に調査した『土壌実態調査（定点調査）』によれば、土壌はおおむね良好に保たれ、カルシウム含量も減少していないにもかかわらず、です。

　実は、作物の安全性も成分も、それが栽培される場である土壌の「質」が関わります。この「質」という言葉を『岩波国語辞典』（岩波書店）で調べると、「もちまえ・うまれつき」「物が成り立つもととして考えられるもの（下線は著者）」とあります。土壌が成り立つ「もと」は、現在の大方の考え方では鉱物粒子と腐植（微生物体と新鮮植物遺体を除くすべての有機物）と微生物とされており、土壌の質へ関わるものとして、近年ではとくに微生物に関心が集まっています。

　しかし土を掘ってみれば、誰もがあわてて潜り込むクモや虫などを見つけることができるでしょう。こうした生きもの、つまり土壌動物は、

土壌動物は健康な土のモノサシ〜序に代えて〜

土壌の質とは関係がないのでしょうか？

　地球に生物が誕生してから、土壌微生物も土壌動物も、「生態系」（生物と環境との間に形成される秩序ある場）にとって必要不可欠な生物です。農耕地も生態系ですし、その地下部分には「土壌圏」が形成されています。そして生態系と土壌圏を理解するためには、少なくとも「遷移」「連鎖」「階層」といった現象を知ることが必要です。

　農耕地が放棄されると雑草が繁茂し、やがてマツなども生えてきます。これが「遷移」であり、耕起や除草剤散布は、この遷移を中断するための技術です。虫が作物を食べるのは食物の「連鎖」であり、殺虫剤散布はこの連鎖を断ち切るための技術です。単一作物と複数作物の栽培は技術が異なり、家畜が加わればまた異なった技術が必要になりますが、それぞれが個体・個体群・群集という「階層」であり、その各階層には共通あるいは独自の法則があります。

　農耕地の土壌圏は生物部分と非生物部分から構成され、物理性・化学性・生物性の３性質を持ちます。例えばある畑の土壌圏（50cm×50cm当たり）は、物理性の三相割合の気相（空気）が25％、液相（水）が48％、固相（固形物）が27％で、化学性の窒素量が２％、生物性のクモが１匹でした。この土壌圏は、「生産機能」（例：作物が育つ）、「分解機能」（例：堆肥や作物の枯れ葉がしだいに消える）、さらに「自浄調整機能」（例：雨水がしみこむ、病害虫が発生し病気が回復する）といった３つの機能を持っています。

　私はかねてから、「農業とは土壌圏の機能の活用である」ことを実証してきており、土壌の質の新しい科学的指標は「土壌圏の健康度」であるとの結論を得ました。とくに土壌の自浄調整機能は肝要です。そして、土壌の機能を働かせたり、その働きの程度を決める重要な役割を果たしているのが、土壌圏に棲むミミズなどの土壌動物なのです。

　皆さんにも、土壌動物の素晴らしい働きを、ぜひ知っていただきたいと思います。

土の生きものと農業●目次

土壌動物は健康な土のモノサシ〜序に代えて〜　2

第1章　健康な土壌は人にも環境にもやさしい　9

健康な体は健康な作物から―――10
健康な作物は健康な土壌圏から―――10
健康な土壌圏とは―――11
健康な土壌圏からつくられた作物の力―――12
　ミニトマト、ネギ、サトイモ　12
　モチ米　12　　ウルチ米　15
健康な土壌圏は人にも環境にもやさしい―――16

◆土壌動物GRAFFITI
　地球の虫ミミズの生態　17
　多様な土壌動物の活動　19

第2章　土壌動物は健康な土壌圏の立役者　21

土壌動物の働きを知る方法―――22
土壌動物の分解活動―――22
有機物を地中に運び込む土壌動物―――25
ミミズの糞と団粒の役割―――26

保水性・通気性を良くする　28
　　脆化(ぜいか)させる　28　　地温を高める　28
　養分の循環を調整する土壌動物──29
　　窒素の量を増やす　29　　リンを回収する　31
　　カリウムの量を増やす　32
　　カルシウムを再形成する　32
　　微量要素やビタミン類を合成する　33
　汚染物を除去する土壌動物──33
　ミミズ孔が土壌生物の世界を創る──34
　病虫害を防ぐ土壌動物──36
　　根の害虫(センチュウを含む)を防ぐ　36　　根の病気を防ぐ　38
　土壌の生産機能への寄与──41
　　生長が良くなり収量が増す　41　　成分を高める　41

第3章　ミミズは農業を支える土壌動物の代表　43

　ミミズは土壌圏の技術者──44
　ミミズの土づくり能力──44
　　移入ポット試験の事例　44
　　移入枠(3.3m×3.3m)試験の事例　46
　　有機物を持ち込んでのミミズ増殖圃場試験の事例　48
　　有機物を持ち込まないミミズ増殖圃場試験の事例　50
　ミミズの堆肥づくり能力──54
　　完熟堆肥とは　54
　　発酵堆肥とミミズが関与した堆肥の差　54
　　ミミズ堆肥の特徴　56　　ミミズ堆肥の効能　56
　　堆肥ミミズの好適条件　57

第4章　農業の担い手となる土壌動物の素顔と活動　59

- 土壌動物を探す────60
- 土壌動物はどのくらい、どこにいるのか────61
- ミミズの素顔────63
  - 棲み場所で4生態型に分類　63　　タンパク質が豊富　64
  - 粘液の効能　65　　食べ物はいろいろ　65
  - 優秀な糞を生み出す腸　67　　地表に出される糞の量　67
  - 繁殖の方法　68　　ミミズの卵包　69
  - 生長条件と寿命　69　　ミミズ同士の関係　70
  - ミミズは冬眠する？　71　　ミミズの天敵と病気　71
  - ミミズは高等動物？　72　　ミミズの悪行　72
- ヒメミミズの素顔────73
  - 繁殖の方法　73　　切れると増えるヤマトヒメミミズ　75
  - 内部に侵入しての食事　75
  - 体の成分と光るヒメミミズ　76
  - 生息条件はさまざま　77　　高い耐性　77
  - 謎の多い行動様式　78　　壊れにくい糞　78
- ササラダニの素顔────79
  - ダニ類の中での重要群団　79　　どこにでも生息できる　80
  - 密度の高い優占種がいる　80
- トビムシの素顔────82
  - 土のプランクトン　82　　トビムシの主な種類　84
- センチュウの素顔────85
  - 滑らかな体表が特徴　85　　「害虫である」だけではない　86
- 土壌微生物に対する土壌動物の働き────86
  - 窒素固定菌に対して　86　　リン供給菌に対して　87

動物寄生菌や拮抗菌に対して　87
　　　有機物分解菌に対して　88
　　　微生物の物質交代にも影響　88

第5章　土壌動物を生かした土壌圏活用農業へ　89

　　土壌圏活用の必要性────90
　　土壌動物の多様性を高める意義────91
　　土壌動物の多様性を高める条件────92
　　　多様な餌の同時存在　92　　多様な環境の同時存在　92
　　　根の存在　93
　　多様性を高める条件を保証する技術────94
　　　耕起が少ない　94　　化学物質の投入が少ない　94
　　　土壌動物のたまり場をつくり、継続する　97
　　　在来のミミズを移入　98
　　二重被覆で土壌圏活用を創造────100

あとがき　102

主な参考文献　104

堆肥化に役だつシマミミズ（写真・樫山信也）

イラストレーション────楢　喜八
デザイン────寺田有恒
　　　　　　　ビレッジ・ハウス
写真協力────樫山信也
編集協力────村田　央
校正────霞　四郎

第 1 章

健康な土壌は
人にも環境にもやさしい

健康な体は健康な作物から

わが国では高齢化とともに、習慣病が全年代層に拡大している。医療費は増え続け、国民所得に対する割合が年々増加し、もはや医療制度は破産寸前だ。はたして日本人が健康で生活できる、いわゆる「健康寿命」は、いったい何歳なのだろう。

また、認知（痴呆）症の親を介護している子が殺すなどの介護疲れによる犯行や、すぐキレルなど子供の異常行動も増えてきている。

ちなみに広辞苑では、「健康」とは「すこやかなこと、達者、丈夫壮健」、さらに「健康体」とは「作業能力が尋常で、栄養佳良かつ身体臓器の機能の正常な身体」とされている。

古くから「医食同源」と言われるとおり、これらの誘因の大方は、食べ物や食べ方と関連している。健康な体は、言うまでもなく健康（健全）な食べ物、健康（健全）な作物に大きく依存するのである。

健康な作物は健康な土壌圏から

健康な作物とは、人体に有害なものを含まないのは当然のこと、さらに特性のある内容（トマトならばトマトの味と成分を持っていること）、きっちりした組織（煮くずれしにくいなど）、劣化が遅い（手間と費用がかからずに長期間の保存可能など）といった性質を持つ。皆さんが毎日食べている作物は、こうした特性があるだろうか。

そして、健康な作物は、健康な土壌圏から生産されるのである。

その例として、栽培法が異なる作物の性質の差を比較してみた。

Ａ法とＢ法で栽培されたミカンの表面をうすいアルコール液でかるく拭き、ガラス瓶に入れて密封した。するとＡ法産は、２か月後にカビが表面を覆い、12か月後には黒く崩れ、24か月後にはほとんど崩れてしまった。一方、Ｂ法産は、色がやや黒ずんだものの24か月後にも崩れなかった（1-1）。同じくＡ法産のキュウリ・タマネギ・トマトは、腐れがＢ

第1章　健康な土壌は人にも環境にもやさしい

1-1　2種類の栽培法によるミカンの性質の差

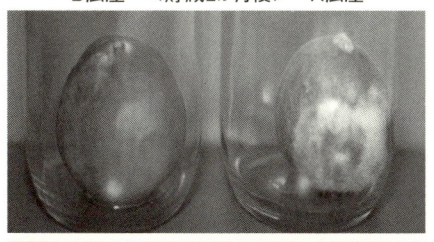

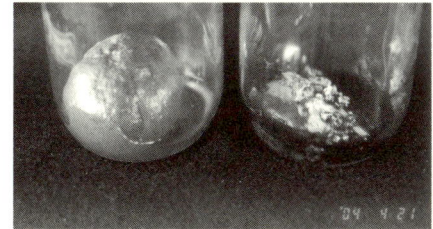

B法産　＜貯蔵2か月後＞　A法産

B法産　＜12か月後＞　A法産

法産に比べ早かった。この結果から、B法産のほうがより健康な作物であるということがわかる。そしてこの差は、おそらく土壌圏の健康度によって生じたものである。

健康な土壌圏とは

　農業は、短期的な収益を追求するのではなく、永続的な食糧生産という社会的要請に応えるものでなければならない。その社会的責務を果たすという視点を踏まえた上で「健康な土壌圏」を定義すれば、「機能が正常で健康な作物の栽培が継続する土壌圏」ということになる。

　正常な土壌圏では、「分解機能」が恒常的に働き、土壌圏に投入された堆肥や収穫残渣（残渣＝残りかす）は緩慢なく作物の栄養となる。必要なときに十分な栄養を吸収した根や茎・葉は、病気や害虫に対する抵抗性が増す。さらに「自浄調整機能」の働きが、すみやかに作物の病気を回復させる。そうすれば化学薬剤に頼らなくてもいい。栽培する人は

11

化学薬剤と接することもないし、化学薬剤が土壌圏に持ち込まれることもない。これらのことによって、作物を育てる力である「生産機能」も十分に働くのである。

健康な土壌圏からつくられた作物の力

現在、大方が採用している栽培技術（化成肥料や化学農薬を用い、耕起を行う。以下「慣行法」）と、慣行法とは異なる条件（健康な土壌圏を創造可能な栽培技術。以下「土壌圏法」）で作物を栽培し、その成分と組織を比べてみると、作物の健康度は明らかに違う。ここでは、その事例をいくつか紹介しよう。

ミニトマト、ネギ、サトイモ

枯れ草堆肥および耕起条件下（土壌圏法）の露地栽培で、3年目のミニトマト、ネギ、サトイモを調査したところ、ミニトマトは蔗糖（甘味を強く感じる）を除く果糖（糖類のうち最も甘味が強い）・ブドウ糖、色調（明度・緑度・黄度）、ビタミンC量の貯蔵前後（30日）とも土壌圏法のほうが高かった。外観も土壌圏法が優った。ネギのカルシウム・リン・カリウム量、およびサトイモのデンプン価（収穫時と貯蔵30日後）も土壌圏法のほうが高かった（1-2）。

また、枯れ草堆肥と耕起条件下（土壌圏法）の露地栽培とハウス栽培とで、ミニトマトを収穫期の2か月間に3回調査したところ、露地の遊離糖（21日後）は土壌圏法のほうが少なかったが、露地とハウス栽培のいずれの収穫時期でも、糖度、酸度、リコピン含量は土壌圏法のほうがやや高かった。7日間隔での総ビタミンC、遊離アミノ酸含量には差はなかった。食味評価では土壌圏法のほうがトマト特有の味があり、色も良いという結果が出た。また7日間の貯蔵（約5℃）の重量減少、色の変化やヘタの枯れ具合は土壌圏法のほうが少なかった（1-3）。

モチ米

枯れ草堆肥および無耕起条件下（土壌圏法）の露地栽培で、3年目の

第1章　健康な土壌は人にも環境にもやさしい

1-2　慣行法と土壌圏法での分析値の差（ミニトマト、サトイモ、ネギ）
（松岡1997から作成）

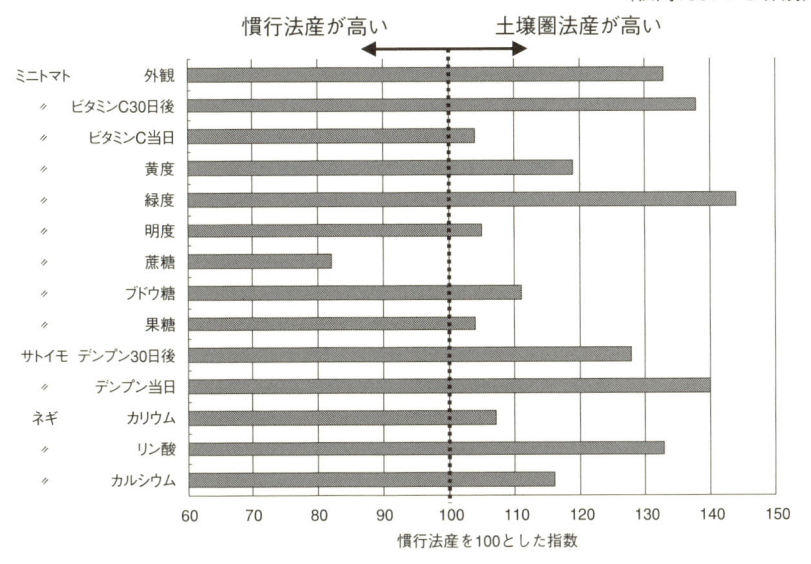

	慣行法産が高い ←	→ 土壌圏法産が高い

ミニトマト　外観
〃　ビタミンC30日後
〃　ビタミンC当日
〃　黄度
〃　緑度
〃　明度
〃　蔗糖
〃　ブドウ糖
〃　果糖
サトイモ　デンプン30日後
〃　デンプン当日
ネギ　カリウム
〃　リン酸
〃　カルシウム

慣行法産を100とした指数

1-3　土壌圏法と慣行法で育てたミニトマト（松岡1997）

左列：土壌圏法産　　右列：慣行法産

1-4 慣行法と土壌圏法での分析値（モチ米）

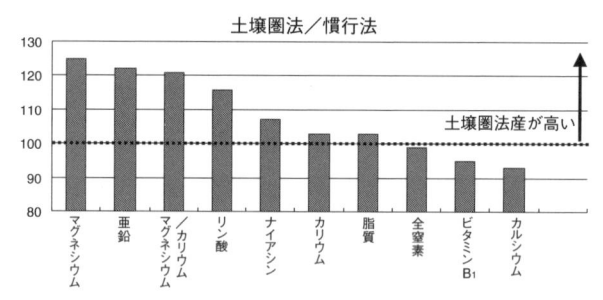

注）モチ米（1986年産直後分析）慣行法産を100とした指数

1-5 貯蔵8年後の分析値の差（モチ米）（中村1994）

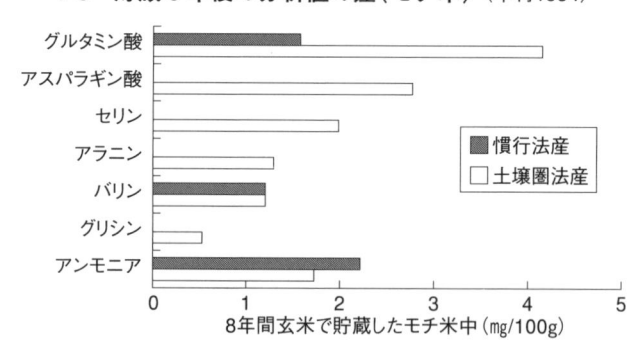

8年間玄米で貯蔵したモチ米中（mg/100g）

モチ精米（品種：ハタキヌモチ）を調査したところ、収穫直後のモチ米の成分のうちマグネシウム（125%）、亜鉛、リン酸、ナイアシン、脂質は土壌圏法のほうが多く、ビタミンB_1とカルシウムはわずかに土壌圏法のほうが少なかった（1-4）。

ガラス瓶に入れて8年間室内に保存したものを比較すると、土壌圏法のものにはアスパラギン酸、セリンなどのアミノ酸が残り、旨味成分と知られるグルタミン酸は慣行法の2倍あった（1-5）。輪切りにした断面は、慣行法のものはほとんど細胞組織が壊れており簡単に粉になってしまうが、土壌圏法のものは崩れがなかった。14年間保管後のものは、さ

らにその傾向が強かった。

ウルチ米

　稲ワラ堆肥および耕起条件下（土壌圏法）の水田で栽培して2年目のウルチ精米（品種：日本晴）をガラス瓶に入れて18年間室内に保存したものを調査したところ、土壌圏法のものは黄金色で、慣行法はくすみがあった。土壌圏法のものの玄米の断面には、中心部・中間部・周囲部とも細胞組織に崩れがなく、デンプンが隙間なく詰まっていたが、慣行法のものは細胞と細胞の間に隙間がいたるところにあった（1-6）。

　ミミズ堆肥および耕起条件下（土壌圏法）の温室ポット栽培で1年目のウルチ玄米（品種：松山三井）を調査した。この事例では、土と種子は数年間無化成肥料、無農薬で、慣行法でも殺虫剤や除草剤は無使用という条件であった。土壌圏法のものの玄米の断面には、中心部・中間部・周囲部とも細胞組織に崩れがなく、デンプンが隙間なく詰まっていた。慣行法のものは細胞と細胞の間に隙間があった。さらに、1899（明

1-6　慣行法と土壌圏法のウルチ米（玄米）の断面 （撮影：中村好徳）

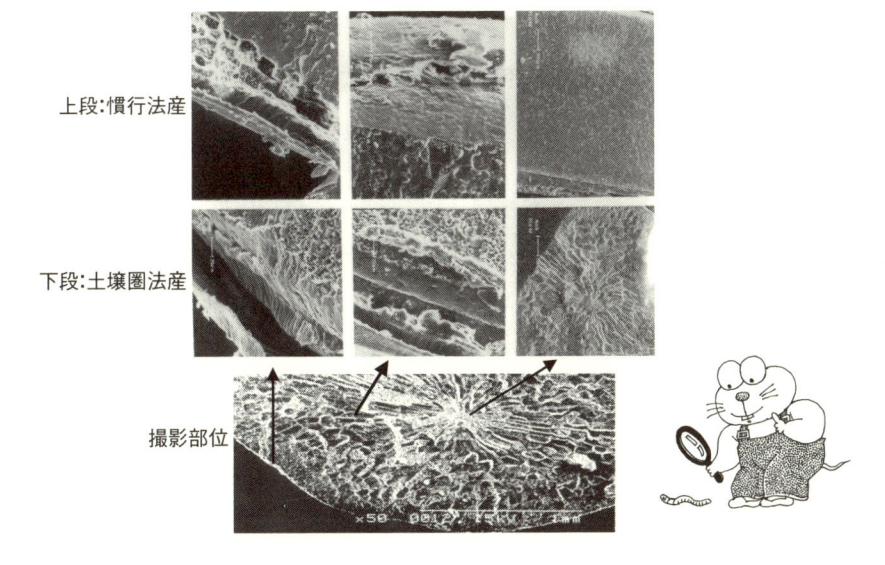

上段：慣行法産

下段：土壌圏法産

撮影部位

1-7　100年以上保存されていたウルチ米

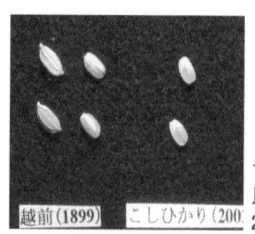

1899年の米（品種：越前、笠井氏提供＝左：モミ、中：玄米）と2002年産の米（右：玄米）

治32）年に栽培され、100年以上農家の屋根裏に保管された米（品種は越前。新潟県佐渡郡羽茂町・笠井隆太郎氏提供）のモミは赤茶色で、玄米はやや黄ばんでいたが、断面構造には崩れがなかった（1-7）。

健康な土壌圏は人にも環境にもやさしい

　健康な土壌圏を創造する栽培法は、健康な作物を育て、さらに栽培する人の健康にも良い。

　真夏の農薬散布は暑くて重労働であるし、散布者の健康にもけっして良いとはいえないから、農薬を吸い込んだり、触れないように神経をつかう。さらに周囲への飛散に配慮せねばならないし、危険な作物を栽培しているような後ろめたさを感じる人もいるだろう。

　化学薬剤を用いた作物の出荷には厳しい条件が課せられているが、残留農薬が検出されて廃棄されることもしばしばだ。「残留農薬が少ないので、この農業は安全だ」と言う人もいる。しかし、それは散布した薬の大半が大気、水系、土壌に拡散し、その結果、海、湖、川に棲む魚介類をも汚染していることに注意しておきたい。

　それに対し、健康な土壌圏から栽培される作物は栄養価が高く、長期保存しても組織が崩れにくくなる。保管費用も軽減される。さらに土壌圏にはしだいに多様な土壌動物が多数生息するようになる。

　健康な土壌圏は、人や土壌動物、環境にもやさしいのだ。

◆土壌動物GRAFFITI
地球の虫ミミズの生態

日本に多いヒトツモンミミズ
（フトミミズ科）

地表に出されたミミズ糞

上の3個体はシマミミズ（堆肥づくりに活躍）
下の2個体はヒトツモンミミズ（土づくりに活躍）

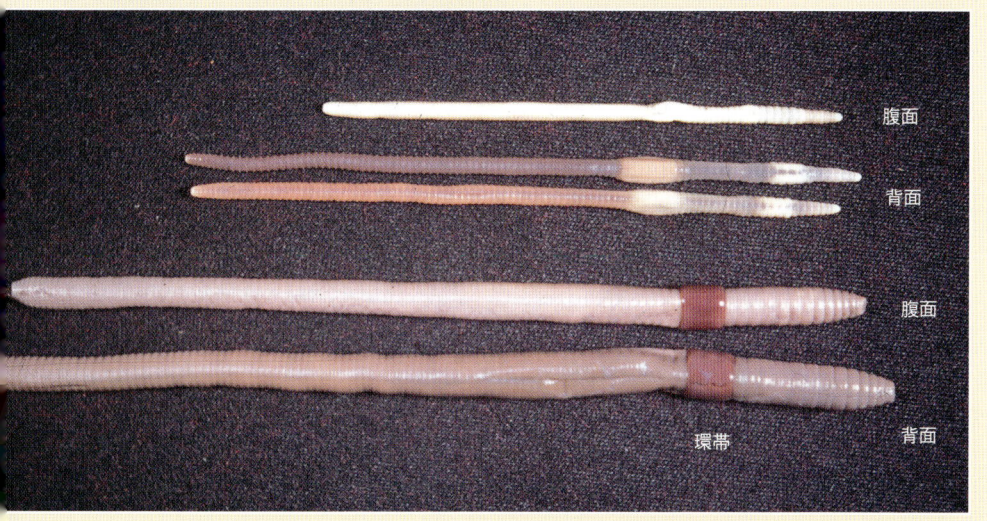

腹面
背面
腹面
環帯　背面

17

林床の枯れ葉とともに持ち込まれ畑に定着した
バライロツリミミズが卵包から出るところ

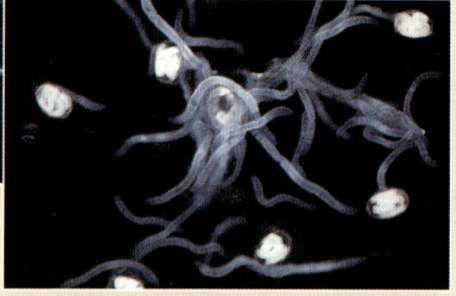

ヒメミミズの卵包

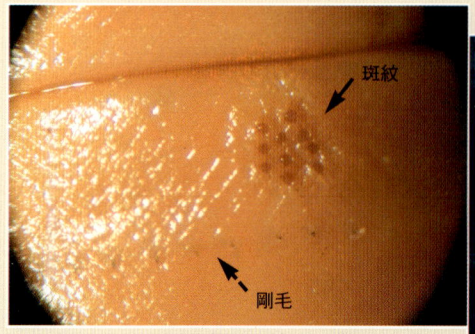

斑紋
剛毛
ヒトツモンミミズは腹側の斑紋から識別できる

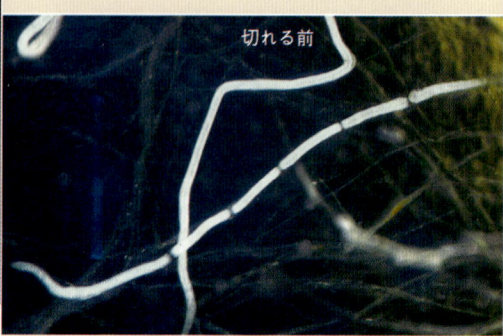

切れる前
砕片分離するヤマトヒメミミズ

環帯
交接しているシマミミズ

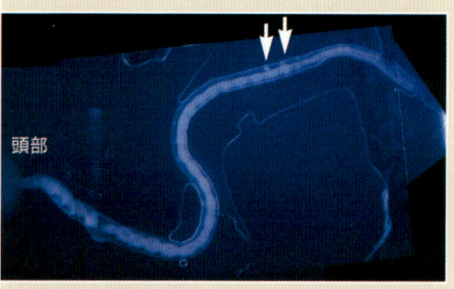

頭部
体内に金属（矢印；ニッケル）を貯めるヒメミミズ

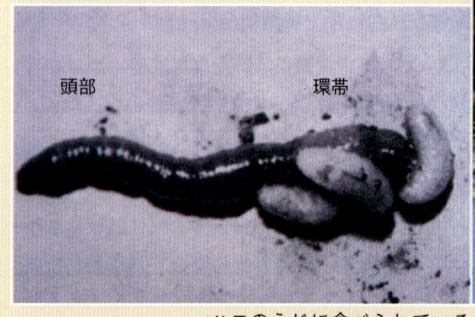

頭部　　　環帯
ハエのうじに食べられている
サクラミミズ

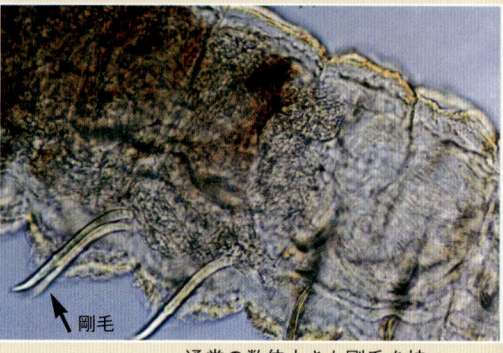

剛毛
通常の数倍大きな剛毛を持つ
ハヤチネヒメミミズ

◆土壌動物GRAFFITI
多様な土壌動物の活動

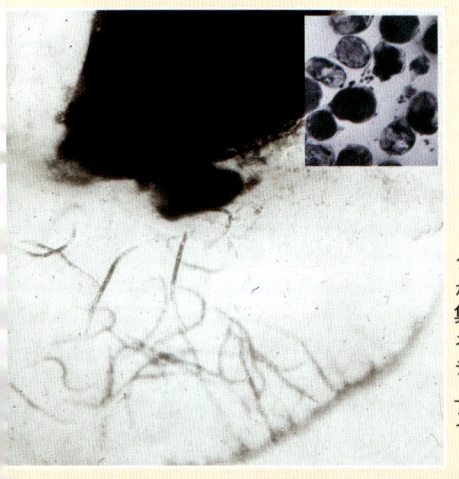

牛糞を土に埋め込むフンムシ

クローバ根からの液に集まるキタネコブセンチュウ（右上枠内はメス親）

白紋羽病菌に対する拮抗細菌を体内に持っていたムラサキトビムシ（乾燥酵母粒を食べている）と卵（左下）

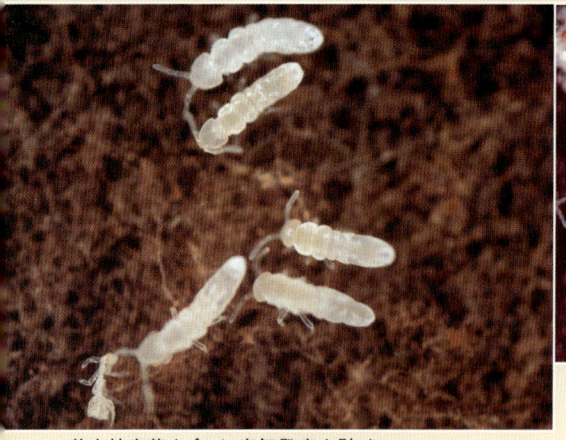

苗立枯病菌を食べ、病気発病を防ぐ
ヒダカホルソムトビムシ

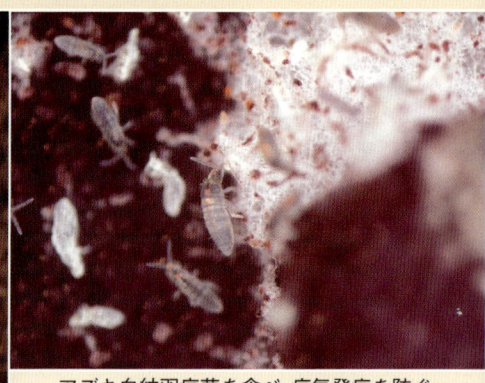

アズキ白紋羽病菌を食べ、病気発病を防ぐ
アイイロハゴロモトビムシ

土壌圏法の畑で土つくりに活躍する
ツクバハタケダニ

苗立枯病菌を食べ、病気発病を防ぐ
アズマオトヒメダニ

キュウリつる割病菌を食べるアズマオトヒメダニ

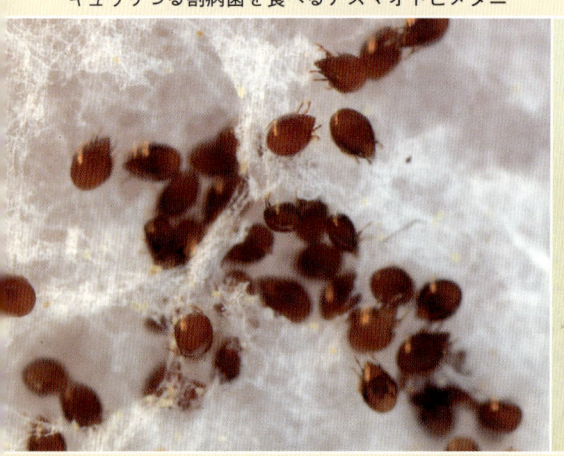

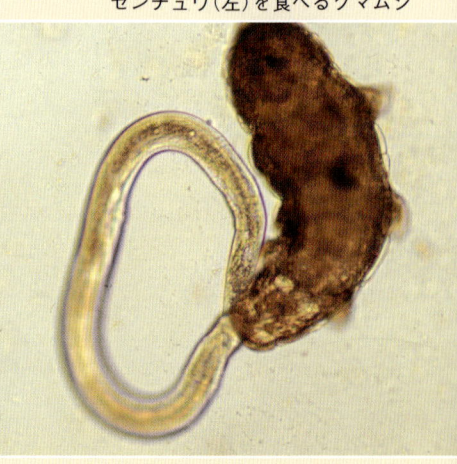

センチュウ(左)を食べるクマムシ

第 2 章

土壌動物は
健康な土壌圏の立役者

土壌動物の働きを知る方法

　土壌動物の生活は、土壌の3性質（物理性・化学性・生物性）を変化させ、土壌圏の3機能（分解機能・自浄調整機能・生産機能）の有無・強弱を決める。そのため、健康な土壌をつくり出すためには、土壌動物の働きを十分知っておく必要がある。

　土壌への土壌動物の関与を知るための方法の概要は次のとおりである。

　網袋法（リターバック法）：主に分解機能を知るための方法。いろいろな網目の袋に材料を入れ土に埋め込む。小さな動物は入るが大きな動物が入り込まないような粗い（例えば2㎜）目と、微生物のみが入る細かい（例えば1μm＝1ミクロン〔マイクロメートル〕）目がしばしば使われる。埋めてから定期的に掘り出し、材料の量や質の変化を測定し、さらに網袋周囲の土壌の質を測定する。

　容器法（ミクロコスモ法）：主に分解機能・生産機能を知るための方法。容器内の土をあらかじめ乾燥か凍結させて動物を絶滅させ、その後に目的の動物と材料を入れる。容器を室内か野外に設置し、一定期間後に土壌の性質の変化を測定する。作物を栽培することもある。

　移入法：主に自浄調整機能と生産機能を知る方法。野外に枠をつくって目的の動物と材料を入れ、作物を栽培する。一定期間後に土壌の性質の変化や作物の生長を測定する。

土壌動物の分解活動

　森林において落ち葉の下を掘り下げて横から見ると、最上層には折れた小枝と枝から落ちた直後の葉、その下に少し腐った葉があるなど、いろいろな分解程度の葉が重なっている状態がわかる。さらにその下深くには土の層がある。これらはまるで座布団を重ねたように見え、これらを上から順に落葉層・腐植層・土壌層と呼ぶ。落葉層と腐植層の厚さは、おおむね「森林＞草原＞畑」であり、森林では「寒地＞温暖地＞熱帯地」

第2章 土壌動物は健康な土壌圏の立役者

2-1 桑条のリターバック試験の結果

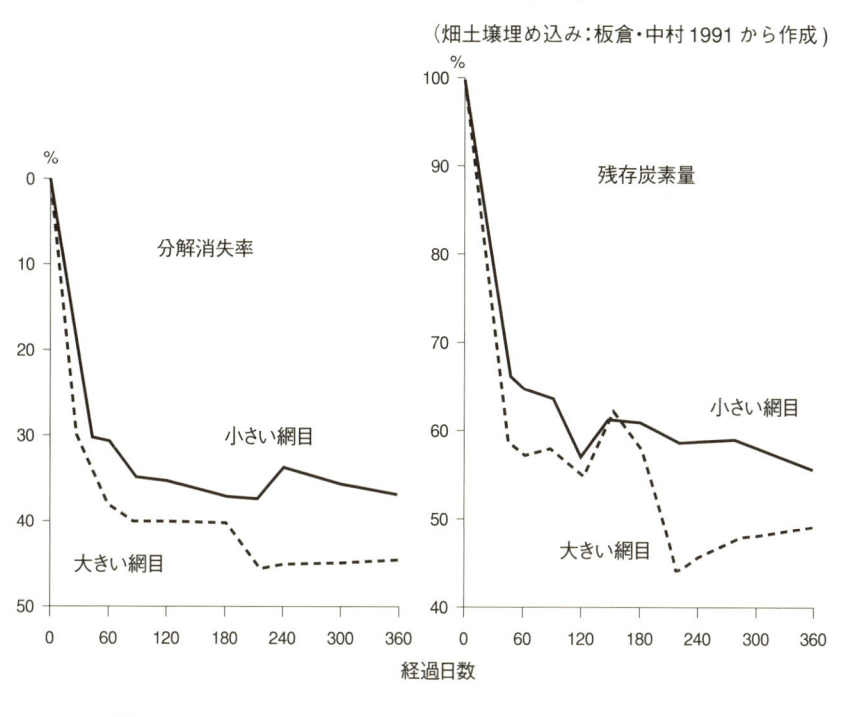

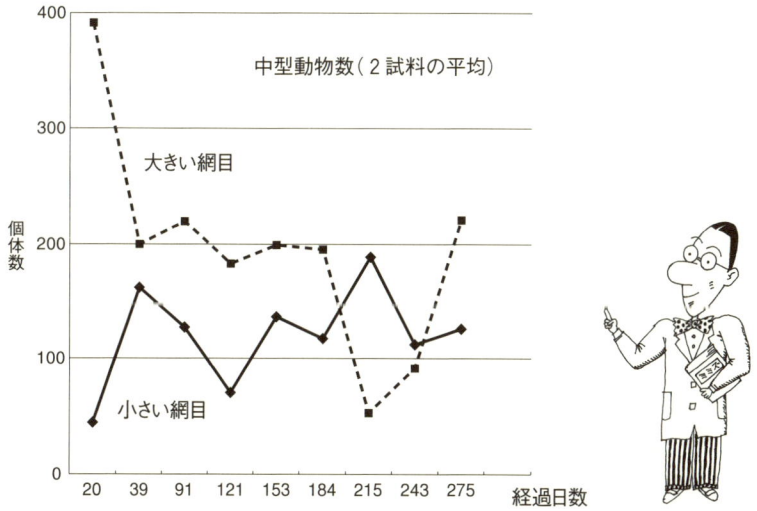

(畑土壌埋め込み:板倉・中村1991から作成)

分解消失率／残存炭素量／中型動物数(2試料の平均)
小さい網目／大きい網目
経過日数／個体数

2-2 松葉内部のササラダニと陸稲茎内部のヒメミミズ、トビムシ

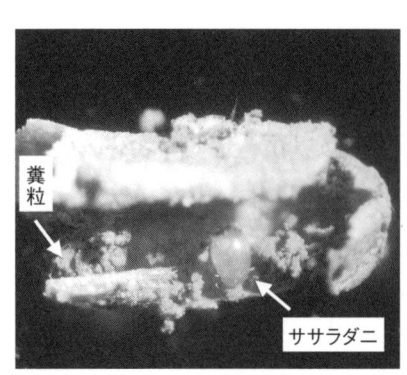

松葉内部のササラダニ（藤川徳子氏提供） 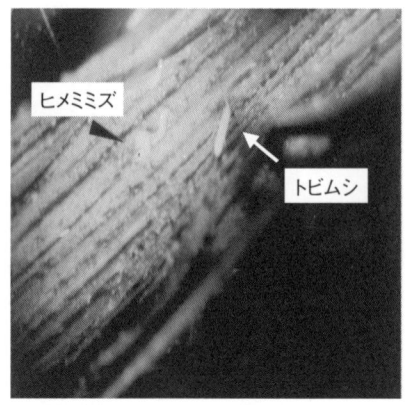　　陸稲茎内部のヒメミミズ（黒矢印）と
　　　　　　　　　　　　　　　　　　　　　トビムシ

となる。

　そしてこれらの層には、枝や落ち葉をボリボリとかじる生きものや腐れた葉を食べる生きものが棲んでいる。これらが土壌動物である。

　新しく落ちた落ち葉は何らかの作用を受け、しだいに下層へと移動（実際は毎年新しい落ち葉が上に乗る）していくが、1年間の落葉量の大半を土壌動物が食べるという試算もある。土壌動物の活動がなければ落葉層が増え続け、森が埋まってしまうかもしれないし、その前に木そのものの生長が停止するかもしれない。土壌動物の分解活動が森を維持するのである。

　ここでいう分解とは、森では落ち葉や落ち枝など、また耕作地では作物残渣や堆肥などといった有機物をしだいに作物の根が利用（吸収）できる簡単な無機物にすることを指し、これを「無機化」と言う。このほか、有機物が無機物に変化する過程には腐敗と発酵があり、これらは主に土壌微生物が分泌する酵素の働きとされている。

　ここで、土壌動物の分解能力を調査した網袋法の実験例を紹介しよう。

網袋に2㎝程度に切断した桑条（蚕が葉を食べた残りの枝）を入れ、耕した畑の土に、5㎝の深さに埋め込んだ。網袋には2㎜と1μm目のものを用いた。埋めてから1年間定期的に掘り出し、枝の重量と炭素の量を測定し、そこに生息する土壌動物（ヒメミミズ・ササラダニ・他のダニ・トビムシ）を数えた。その結果、枝の消失量は常に粗い2㎜目のほうが多く、分解速度が早かった。2㎜目の粗い網袋には、急激に分解速度が速まった初期の180日間に多数の土壌動物が入り込み、桑条の分解へ関与したと考えられる（2-1）。

このように有機物の分解の速さは、「微生物と土壌動物が関与＞微生物のみ関与＞無生物」の順となる。それは材料の中を動物が動き回ることで空気や水分がしみこみ、土壌動物が食べることで材料が細かくされ、土壌動物の腸の消化液（酵素など）がしみわたることによる結果である。

枯れた松葉や稲ワラを割ると、ササラダニやヒメミミズとともに多量の糞が見られる（2-2）。また、ミミズの腸を通過した枯れ葉は分解され、養分をたっぷり含む糞として出される。こうした土壌動物の働きが微生物の活動を助け、微生物の活動面積を拡大する。このように土壌動物の関与は、微生物のみの関与に比べて分解の経路が複雑・多様となり、その結果、分解の速度が速まるのである。

有機物を地中に運び込む土壌動物

土の上に野菜くずをのせてミミズを入れると、しだいに野菜くずは地中に運び込まれる。このミミズによる有機物のかきまぜ、地中への運び込み活動は、さまざまな効果を生み出す。

ミミズが少ない、あるいは薬剤散布でミミズを除いた草地では、枯れた根の層（根群層）ができ、草の生長が悪くなる。しかし、この草地にミミズが入ると、根が地中に運び込まれてしだいに根群層が減少し、草の生長が良くなる。芝生地の管理では土を詰めたり鉄棒で孔を開けたりするが、これはミミズの代わりをしているのである。

放牧地において家畜の糞は牧草の栄養源となるが、ハエなど衛生害虫の繁殖場にもなる。さらに糞の周囲の牧草を家畜は嫌うため、食べ残された牧草の掃除刈りをしなくてはならなくなる。それを避けるには、糞をすみやかに地下に運び込むことが必要となる。その役割をフンムシ（甲虫）が果たし、埋め込まれた糞をミミズが食べる。これらの活動によって、衛生害虫が防除されるとともに、当然、牧草の生産量も増加する。

　耕地では、地表に散布（添加）された肥料・農薬・石灰・堆肥・被覆資材などは、まず機械で耕起されて土壌とまざり、それをさらに土壌動物が混合する。無耕起栽培では土壌動物が機械に代わってこれらを地下に持ち込み、土壌とまぜる。かなり深くまで運び込む種類もいる。そしてその有機物は土壌動物によって細かくされ、分解されて作物の養分となる。土壌表面に散布された根粒菌やVA菌（カビの一種でマツタケ菌もこの一種）など微生物資材も、ミミズの埋め込み活動で作物の根の近くや地中深くに運ばれる。

　実際には耕起土壌にはほとんど土壌動物がいないので、こうした活動は望めない。また、最近は種子に根粒菌をまぶしているため、土壌動物の出番はなさそうである。ミミズ堆肥を用いてまぶすとさらに効果が上がるであろう。

ミミズの糞と団粒の役割

　団粒とは、土の粒が微生物や動物がつくる多糖類（アミノ糖など）を糊として団子状となったもののことである。ミミズの糞はさまざまな養分を含む腐植であるとともに、団粒そのものだ。しかも多数の糞が糊づけされ、大きな塊となる。土壌の団粒量は、そこに生息するミミズ数が多いと多くなる（2-3）。

　植物の生育にとって好ましい土壌の物理的条件は、水もちが良く（利用できる多量の水が、長期間にわたって保持される）、水はけも良いこ

2-3 ミミズの密度と団粒の量（中村2000）

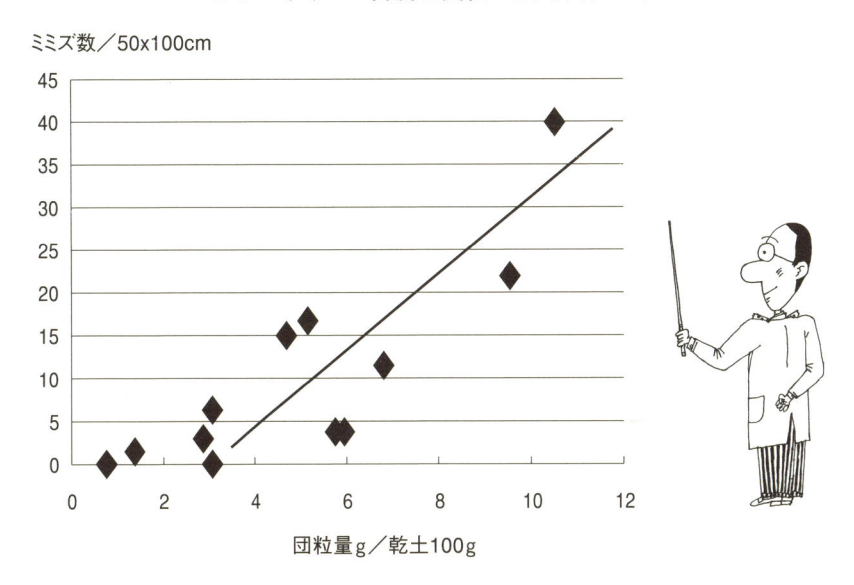

ミミズ数／50x100cm

団粒量g／乾土100g

2-4 ミミズの糞塊

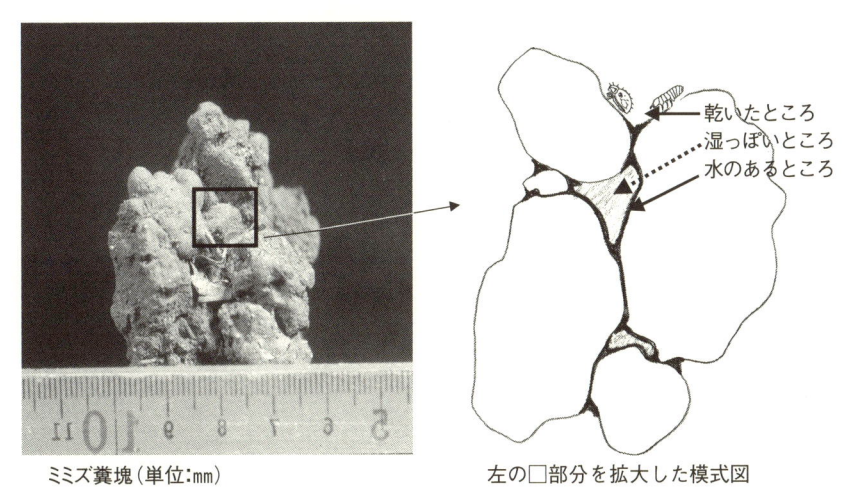

ミミズ糞塊(単位:mm)

左の□部分を拡大した模式図

乾いたところ
湿っぽいところ
水のあるところ

とであるが、団粒はこの条件をかなえるものである。

保水性・通気性を良くする

ミミズの糞には大小の多数の孔があり、小さな動物や微生物の棲みかとなるだけでなく、空気や雨水もしみこむ（2-4）。団粒となったミミズの糞は、水に浸けても簡単に崩れることはなく耐水性があり、泡は出るが空気のすべてが出ることはない。また、水から出した糞からは水滴が落ちるが、すべての水が出てしまうことはない。つまりミミズの糞は、水と空気を含む不飽和状態が保たれているのだ。

こうした特性を持つミミズの糞が地表や地下を埋めることによって、土壌はグショグショでもなく、乾燥した状態でもなく、適当な湿り気のある状態を保つことができるようになる。

脆化（ぜいか）させる

「土は耕さないとかたくなる」と言われる。しかし耕すことによって細かくなった土の粒が雨で泥となり、それが乾くことによってますますかたくなることもある。土のかたさには、土の細かさの程度（粒径組成）、隙間の大きさや量、あるいは水分量の程度などが関わるのである。

表面が落ち葉・枯れ草や堆肥などの有機物で被覆された土は、被覆されていないものと比較してかたくならない。この被覆の効果は、とくに表層で強くあらわれる。冬期間に表層の土が凍るところでは、冬作の麦の播種溝（はしゅ）に被覆がないと、そのまま溝が残り、伸びた根が地上に持ち上がり枯れ死する。

無耕起で被覆が長年行われている土にミミズが入ると、ミミズの孔などの多数の隙間ができ、さらに脆（もろ）くなる。円錐形の針を突き刺す硬度計で測定した値は、耕起と無耕起とではほぼ同じであるが、その見た目はパン生地（耕起）と焼き上がったパンの中味（無耕起）ほどに差が出る。

地温を高める

空中から赤外線写真を撮影すると、ミミズを移入した草地の地温が夜間に高まり、昼間に下がることがわかる。この温度差は、とくに早春の

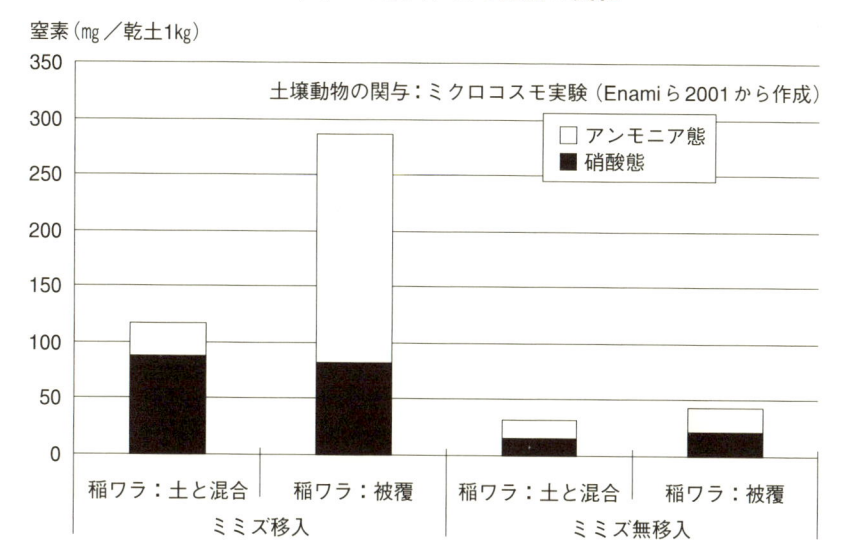

2-5 ミミズの移入による窒素の変化

窒素（mg／乾土1kg）

土壌動物の関与：ミクロコスモ実験（Enamiら 2001から作成）

□ アンモニア態
■ 硝酸態

ミミズ移入：稲ワラ：土と混合／稲ワラ：被覆
ミミズ無移入：稲ワラ：土と混合／稲ワラ：被覆

草高が低い時期に顕著である。これは、ミミズが根群層を破壊したため、地表と地下の熱交換が高まったことにより起こる。

養分の循環を調整する土壌動物

堆肥などの有機物は、分解されて作物の養分となる。養分の供給（内容、量、時期）が作物の要求と合致することで、健康な作物が育つのである。

窒素の量を増やす

タンパク質の合成に不可欠な窒素の欠乏は、直接作物の生育に影響する。窒素が欠乏するとクロロフィルの合成が抑えられ葉が黄化し、光合成能力が弱まるために生長が衰え、多くの場合、老化が早まる。

作物が主に吸収利用する窒素は、有機物が微生物によって分解された無機態窒素（アンモニア態と硝酸態）とされている。そのため、作物の生育期間中に、土壌で生成される無機態窒素の量と作物の吸収する窒素

2-6 吸収する窒素の主な流れ

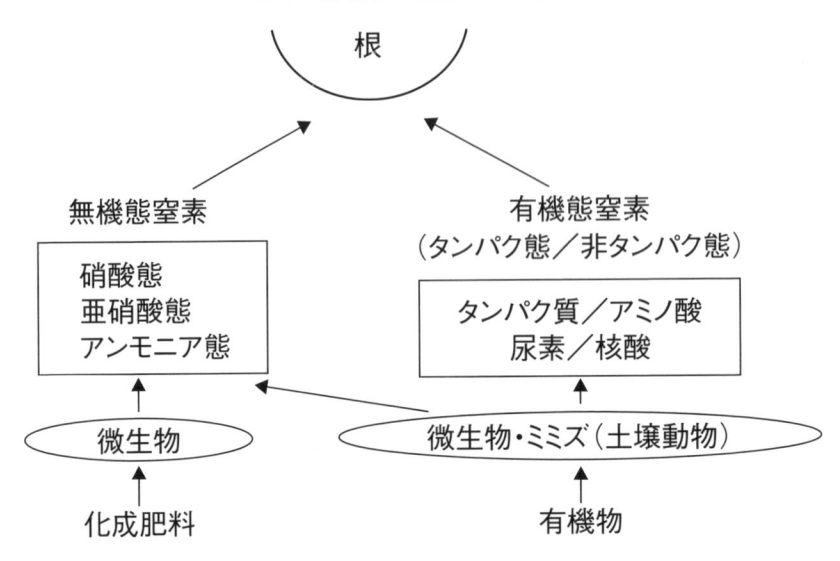

```
                    根
         ↑                    ↑
    無機態窒素            有機態窒素
                     （タンパク態／非タンパク態）
  ┌─────────┐         ┌─────────────────┐
  │ 硝酸態    │         │ タンパク質／アミノ酸│
  │ 亜硝酸態  │         │ 尿素／核酸        │
  │ アンモニア態│        └─────────────────┘
  └─────────┘
       ↑      ←──────────┐
    微生物          微生物・ミミズ（土壌動物）
       ↑                    ↑
    化成肥料              有機物
```

量との相関が認められてきた。ところが、有機栽培作物の場合、窒素の吸収量が栽培期間中に土壌から生成される無機態窒素の量を上回ることがある。

　さらに、有機物とともにミミズを入れて栽培すると、ミミズを入れないのに比べて収量が増加する。実験では、土と稲ワラを入れた容器にミミズ（フトミミズ類のヒトツモンミミズ）を入れると、窒素の量が増すことが明らかにされている。それも、土に稲ワラを混合するよりも、被覆したほうが効果は高かった（2-5）。

　いまのところ、土壌動物が窒素の供給にどのように、どのくらい寄与しているかは明確でない。土壌動物は有機物を摂食・消化したり、呼吸・排泄することで直接的に、また微生物など他の生物の生活環境を改変したり、他の生物を摂食し数を減らしたりといったことで間接的に、窒素の循環に寄与すると考えられている。

　正確な寄与量を知るには多くの情報、例えば土壌動物の密度（重量）、

生活史（回転率）、エネルギー転換効率（同化、生産）、土壌動物体そのものの炭素／窒素比やエネルギー源、食べ物選択などを知ることが必要だ。これらを考慮したミミズの耕地（ソルガム栽培）への寄与量の測定例では、1年間に窒素換算で最大63kg/haと計算された。

最近、チンゲンサイやニンジンなどの作物が、有機態窒素を直接吸収することが明らかにされた。土壌動物が、有機態窒素をより吸収しやすい形態に改造しているのかもしれない（2-6）。

リンを回収する

リンはすべての生物細胞中に広く存在し、欠くことのできない元素である。リン欠乏の影響は古い組織からあらわれ、葉脈が赤く光沢が悪くなり、下葉が赤味を帯び枯れ死してしまう。熱帯地方では土壌の大半はリンが欠乏しているため、リン酸肥料は作物生産に重要な鍵となる。火山灰土の多い日本でも、リン酸肥料を用いないと極端に収量が悪くなることがあるが、実際は土にはリンが欠乏しているのではなく、むしろ過剰に蓄積している。

リン酸は土（例えば火山灰土の主要な粘土鉱物のアロフェン）に強く吸着する性質を持ち、土中に存在しても植物が利用できない状態（固定型）となっている。そのためリン酸の固定を軽減する方法として、有機酸塩（例えばクエン酸塩）の施用、リン酸を有効化し吸収利用する植物（例えば小麦、アブラナ、セスバニア、陸稲（おかぼ））の栽培などが挙げられる。

ミミズを用いた容器法による実験では、ミミズが生活すると、容器の下部からしみ出るリン酸のうち、植物の根が利用できる可給態リン酸が著しく増加することが明らかとなった。土壌動物は、リン酸を有効化する機能を持っているのである。

また、施用した肥料のすべてが根に吸収されるわけではない。黒ボク土では数パーセントとされ、残りは土に吸着されてしまう。しかし草地でミミズが活動すると、施用されたリン酸肥料の利用率が上昇（20〜40%増の値あり）する。地表のミミズ糞中のリン酸は水に溶けやすく水

とともに流れ、またミミズの体内や糞は有機態リン酸化合物を加水分解する酵素（ホスホターゼ）活性が高く、土壌中の可給態リン酸の量を高めることが知られている。熱帯産のミミズの糞からは、強力なリン溶融菌が分離されている。

このように、ミミズは土層の深いところまで孔を穿ち、固定型リン酸を可給化し、それを糞として地表や地中にばらまくのである。

リン酸肥料の原料はリン鉱石で、100年後に枯渇すると推定されている。日本の畑の土にはかなりのリン酸が固定され、蓄積されている。そのリン酸の可給化あるいは再利用は今後の重要な課題であり、そのためにはミミズの出番が必要となる。

カリウムの量を増やす

土中では雲母や長石として存在するカリウムは、細胞の浸透圧やpHの調節、デンプン合成酵素をはじめとした糖代謝を中心とする多くの酵素反応に関与するとされるが、その働きには不明な点が多い。カリウムが欠乏するとタンパク質の代謝が乱れ、葉先の黄化、葉縁枯れを起こす。

ミミズが棲む土壌では、カリウム含量が増加する。その理由は、カリウム含量の多い土層からミミズが運んでくるとされているが、いまのところはっきりしない。ミミズ自体が雲母等からの放出量を増加させたり、不可溶性カリウムを可給化する能力を持っているのかもしれない。

カルシウムを再形成する

植物に吸収されたカルシウムは、生長中の若い組織に多く分布する。野菜や果樹はカルシウム要求量が多く、カルシウムが欠乏するとトマトの尻腐れ、ハクサイやキャベツの心腐れなどが生じる。土中では輝石、斜長石、火山ガラスとして存在し、火山灰（黒ボク）土では火山ガラスが主要な供給源である。

ミミズの糞に含まれるカルシウムには、周囲の土に比べて水溶性のカルシウムの占める割合が高い。つまり根が吸収しやすい形態となっている。そのため、ミミズとともに育てた作物はカルシウム含量が高くなる。

ミミズを移入して3週間経った草地のミミズ孔からは、大きな（300〜2000μm）カルシウムの結晶が見つかる。これは、ミミズを移入していないところでは見つからない。そしてこの結晶は、容易に水に溶ける。これはミミズ自体がカルシウムを可給化したり、再結晶する能力があることを示している。

微量要素やビタミン類を合成する

ミミズの糞を培養すると、糞内の硫黄量が多くなり、そこに作物残渣を加えるとさらに硫黄量は多くなる。また、ミミズの糞には多様なアミノ酸が含まれており（ヒトツモンミミズの糞には32種類）、とくにプロリンとバリンが多い。

さらに、ミミズとともに栽培した麦の茎内では、銅やマンガン、ビタミンの含量が増加する。ミミズの体内や糞内には植物生長促進物質、酵素やビタミンが存在しており、ミミズはこれらの物質の合成あるいは再合成機能を持っているということになる。

汚染物を除去する土壌動物

ミミズは農薬や重金属を体内に濃縮する。取り込み方は物質の種類によってさまざまで、濃縮程度も異なる。この体内濃縮能力を持つために、ミミズやその他の土壌動物は、環境汚染の生物指標（都市公害や放射線、重金属）になる。汚染土にミミズを投入し汚染物を濃縮させ、そのミミズを廃棄することで汚染物を除去する試みもある。

ミミズは土壌を肥沃化する働きを持つが、生育環境によっては、むしろ有害物質の選択的収集者としての役割をも持ってしまうこともある。シマミミズは、散布された除草剤（Dymron）の半減期を縮小（50日→約20日）し、また、ヒメミミズはナフタリンなどの有機化合物の分解を阻害するとも言われる。

ミミズ自身の体や糞尿は、当然ながらすべて周囲の環境に左右される。ミミズの体や糞を利用するためには、飼育する餌に十分な配慮が必要で

ある。ヒトの生活を安全に保つための努力と同じ努力が、ミミズにも必要であろう。

ミミズ孔が土壌生物の世界を創る

ヒメミミズ、トビムシ、ササラダニおよび他のダニの個体数を、ミミズを移入した区と移入しない堆肥区、化成肥料区で比較してみると、4動物類とも「移入区＞堆肥区＞化肥区」となった。これは大型動物類でも同様であった。ヒメミミズは化肥区からは採集されなかった（2-7左）。

ミミズの糞からは、いろいろな土壌動物が出てくる（2-7右）。地中のミミズ孔にも土壌動物が棲む。ミミズ孔の壁にはツヤツヤした明らかにまわりの土とは異なる層（厚さ1〜2mm）が見られる。この層にはミミズの粘液がしみこみ窒素成分が多く、窒素を好む微生物が繁殖し、微生物食性のトビムシやセンチュウが多い。微生物食性の土壌動物の増加は、有機物の分解に関与する微生物活動を制御し、間接的に土壌の物質循環に寄与している。またミミズの体内に共生する腐植食性センチュウが腐植を餌として食べ、土壌の栄養循環に寄与している。ミミズ孔が、土壌生物の世界を創るのである（2-8）。

ミミズを宿主とするセンチュウ（豚肺虫など）や害虫の生物防除（生物を利用して防除すること）に用いられるセンチュウ（スタイナーネマなど）は、ほとんどミミズに影響がなく、ミミズはむしろセンチュウの土中での分散を手助けする。

他方、シマミミズを入れた実験では、植物寄生性センチュウの密度が大幅に減少する。これはミミズの粘液やミミズ活動が土壌構造を改造、あるいはセンチュウ捕食菌がミミズによって拡散されたり、ミミズの存在そのものが捕食菌の増殖条件に有利に働いたと推測される。

大半のセンチュウは水生と考えられ、土壌中では水の被膜に包まれた状態で生存する。団粒内部のセンチュウの幼虫は、体内の貯蔵養分を維持しながら長期間生存するが、団粒外部では急激に貯蔵養分を消費して

第2章　土壌動物は健康な土壌圏の立役者

2-7　ミミズ移入による土壌動物数の効果

枠移入4年後（個体数／200㎖）

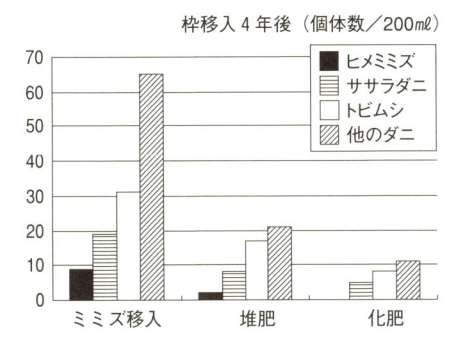

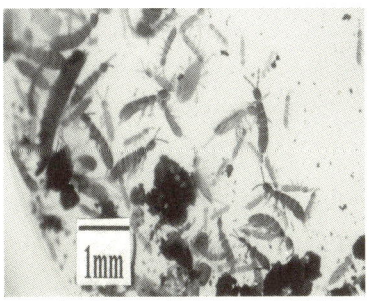

凡例：■ヒメミミズ　≡ササラダニ　□トビムシ　▨他のダニ

ミミズの糞塊から抽出された中型動物

2-8　ミミズの孔

ミミズが地中で動き回ることによってできるミミズ孔

すみやかに死亡する。ミミズの活動による団粒と保水性の増加は、むしろセンチュウに対し好適環境を提供し、植物寄生性センチュウを増殖させかねない。しかし、なぜか団粒が多く、保水性の高い森林土壌では植物寄生性センチュウの割合は少ない。

土と枯れ葉をまぜミミズを入れて草を育てたところ、ミミズの撹拌(かくはん)が原生動物数を増やし、ミミズの腸を原生動物が通過することで土に固有な種類数が減少した。さらに原生動物の微生物捕食を活発にさせた。ミミズは土とともに呑み込んだ原生動物を自身の腸内で増やし、糞として出し再度食べるという。シマミミズは原生動物を食べないと親になれないこともある。

ミミズが土壌圏の生物性の多様性を高め、種類構成を変化させる働きをまとめると、次のようになる。
①餌の供給（糞は未消化部分が大部分で、リグニンなどをやや消化）
②土壌の構造の変化（隙間：棲みかと移動路の提供）
③土壌の成分変化（ミミズ孔の壁は窒素が豊富）
④ほど良い土壌水分と空気に調整
⑤過密でない、あるいは良いところへの運搬
⑥生物相互間（食う食われる関係）

病虫害を防ぐ土壌動物

土壌動物は地下部（根）とともに地上部（茎や葉）の生物相にも影響を及ぼし、病虫害を防ぐ働きも持っている。これは土壌動物による土壌の自浄調整機能である。

根の害虫(センチュウを含む)を防ぐ

作物の根を加害する土壌動物には、ネキリムシ、ヨトウムシなどの昆虫の幼虫とともに、植物寄生性センチュウも含まれる。ヨトウムシは主に生育初期に根を食いちぎる。ヨトウムシの被害には作物の植え替えで補うことができるが、しまつが悪いのはセンチュウである。センチュウ

の害を受けるとしだいに作物の生長が悪くなり、大豆では畑の中に周囲とは明らかに葉色が淡い部分が円状にできることもある。このような状態になったところは多数のヒゲ根が伸びたり、根の細胞が肥大し正常に発達せずコブ状になってしまい、収穫時にはまったく商品価値がないものになってしまう。

　土壌動物は、こうした土壌害虫を防除する役割を果たす。その方法は次の例のようにさまざまである。

　摂食型：ミミズがセンチュウを食べる、ミミズが害虫に寄生し殺してしまう天敵センチュウを運搬する、など。

　連鎖型：ミミズがセンチュウの生活の場を食べて壊す、ミミズ堆肥がセンチュウの生活条件を悪化させる、など。

　環境型：ネギの根の害虫であるタマネギバエの天敵（寄生ハエ）をミミズが誘引（粘液の臭い？）する、など。

　環境型の生物防除は、土壌動物の独特な得意分野である。上記に加え

2-9　菌を食べるトビムシ

キュウリつる割病菌糸を啜(すす)るヒダカホルソムトビムシ

て、畑を有機物で被覆することによって捕食類（クモ・ゴミムシなど）を増し、害虫を減少させることも知られている。水田の堆肥が腐植食やプランクトン食の動物を増加させ、そしてこれを捕食するクモも増加し、ついには稲の害虫であるカメムシを減少させることも実証されている。

さらに雑草の種子がミミズの腸を通過すると発芽しなくなったり、粘液が発芽を早めたり抑制したりするなど、ミミズを活用することによる雑草防除の可能性もある。

根の病気を防ぐ

土壌動物は病原性微生物による根の病害を、根の害虫を防ぐのと同じように摂食型、連鎖型および環境型といった方法で抑制し防除する。ここでは、その実証例を紹介しよう。

トビムシによる摂食型：作物病原性糸状菌（しじょうきん）が繁殖（寒天培地）した容器に入れられたトビムシの行動は興味深い。菌1種ではまず一定場所に留まり、その後移動しながら菌糸を啜（すす）り食べ、同心円状に食い跡が拡大する。表面の菌糸を食い尽くした後の行動は、トビムシの種類で異なる。例えば大型で活発なアイイロハゴロモトビムシは、白紋羽病菌（しろもんばびょうきん）を培地表面がつるつるになるほどに食べるが、培地は食べない。小型のヒダカホルソムトビムシは着色（変色）した培地そのものを食べ、無着色培地は食べない。さらに、同一種のトビムシでも菌の種類でこの両方の行動を示す。2種以上の菌の場合、まず容器全体を触覚をさかんに動かしながら徘徊（はいかい）し、偶発的に菌にぶつかると食べる（2-9）。

菌と作物の根があった場合、菌で育ったトビムシは根の周囲を徘徊するが根は食べない。菌糸は伸びる先端が食べられ、作物の根に到達できない。土中でもおそらく菌（糸）を見つけるより、根の近くにいて菌糸が伸びてくるのを待ちかまえているのであろう。こうしてキュウリつる割病（開花まで）、ダイコン萎黄病（い おうびょう）（発芽から3週）、キャベツ苗立枯病（たちがれびょう）（発芽から3週）、アズキ白紋羽病（発芽から3週）の感染発病を抑制した（2-10）。

第2章 土壌動物は健康な土壌圏の立役者

2-10 トビムシによるダイコン萎黄病の抑制

無菌土　　　　有菌土　　　有菌土＋トビムシ

病害跡

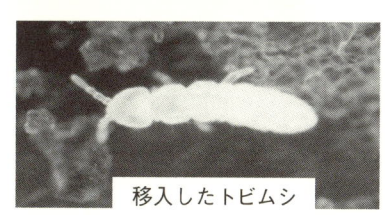

移入したトビムシ

2-11 ミミズによるキャベツ根こぶ病、種ショウガ腐敗の抑制

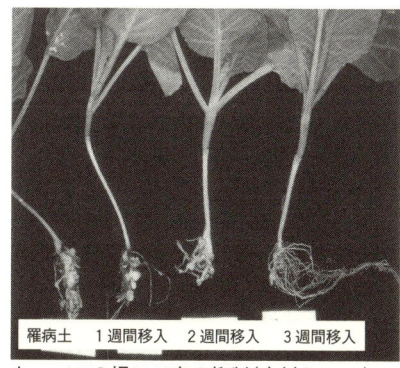

罹病土　1週間移入　2週間移入　3週間移入

腐敗

ミミズ移入（2か月）　　ミミズ無移入

キャベツの根こぶ病の抑制（中村ら1994）　ショウガの腐敗の抑制

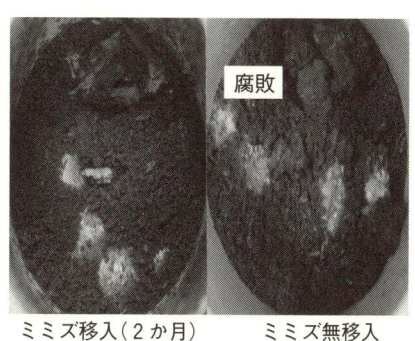

ササラダニによる摂食型：採集されたササラダニの多数の種類から、作物病原性糸状菌を食べる２種類を選び出した。そのうちの１種アズマオトヒメダニ（新種）はとくにキュウリつる割病菌をよく食べ、殖えた。また、このダニをカブの苗箱に移入したところ、カブ苗の立枯病の発病が軽減した。

トビムシの排泄物による連鎖型：15年以上ダイコンが連作され、それまで苗立枯病が発生していない畑（福島県小高町）から多数のトビムシを採集した。その中の１種、ムラサキトビムシの糞から細菌を得た。菌（キサントモナス属）はグラム陰性桿菌（かんきん）で運動性を持ち、淡黄色で粘りけがある。寒天培地に塗りつけるのも容易でなく、乾きやすく、また水には溶けにくいなどの特徴を持つ。少なくともダイコン、アズキには病原性を示さなかった。この菌は白紋羽病菌などの生育を抑える顕著な拮抗性（きっこう）を示し、アズキ苗白紋羽病とダイコン苗立枯病の発生を抑制した。

ミミズによる連鎖型、環境型：発病する密度の根こぶ菌を含む土に、ミミズを１〜４週間入れ、その後キャベツを育てたところ、菌数は減らないがミミズを入れた日数が長いほど根こぶ数が少なくなった。また種ショウガの保管箱にミミズを50日間入れたところ、種ショウガは腐敗しなかった（2-11）。これは、ミミズに呑み込まれた菌がミミズの腸内で何らかの作用を受け、また腸を通過後にミミズの糞や粘液によって病原性を消失した、あるいは菌の生息の場が改変され運動力（根こぶ菌の遊走子）が低下したのであろう。さらにミミズの活動が作物自身の発病抑制力（免疫力）を増したとも考えられる。

これまでにも、連作しても病害が発生しない抑止土壌のpHとカルシウム量は高く、そのため、作物のカルシウム吸収の増加が発病を抑制する可能性や、フザリウム菌などの病害はpHの低い土壌ほど発病しやすい、などが指摘されている。そしてミミズの活動は土壌のpHを高め、作物体内のカルシウム量を増加させる。つまりミミズが抑制条件を整えるのである。

土壌の生産機能への寄与

　土壌の生産機能とは、土壌の分解機能と自浄調整機能が正常に働き、作物の生長（量と質の両面）としてあらわれることである。土壌動物の生産機能への寄与はいろいろな動物を用いて試験されており、とりわけミミズが大幅な生長や収量の増加をもたらすことが知られている。

生長が良くなり収量が増す

　ミミズの活動によって野菜、豆、穀物、牧草や苗木などの生長や収量は増す。増収効果は化成肥料を用いない畑でいっそう顕著となる。麦も大豆も、収量の増加とともに茎の先端が伸びる。また牧草の増加量はとりわけ高く、クローバでは4200%増加した。総じてミミズの活動の効果は、子実生産に比べ、葉や茎の生長のほうが大きい。

　移入するミミズの種類が異なるとその効果程度も異なり、同じ種類のミミズでも、用いる土壌の種類が異なるとその効果程度も異なる。そのため、土壌に適合したミミズの種類の選定とともに、まずはミミズの棲める土壌構造の形成が必要になる。

成分を高める

　ミミズの活動によって、作物のタンパク質、カルシウム、リン、銅、マンガン、ビタミンの含量が増す。とくにカルシウムの増加は著しく、600%増の値もある。その結果、作物自身の病害に対する免疫力が増したり、長期の保存も可能となる。「序に代えて」でも述べたが、最近の作物のカルシウム含量が低いのは、土壌中にミミズがいなくなったことによるのかもしれない。

第 3 章

ミミズは農業を支える土壌動物の代表

ミミズは土壌圏の技術者

　これまでに述べたように、ミミズは土壌動物の中でもとくに優れた能力を持っており、食べる、糞をする、動き回るといった生活を通して、さらに死後はその死体によって、土壌圏の持つ生産機能、分解機能、自浄調整機能を活性化させる条件を創る〝土壌圏の技術者〟である。
　世界では多方面でミミズが活用されている。例えば砂漠の緑化、干拓地の肥沃化、露天掘り・ゴミ捨て場・工場などの跡地回復、生物濃縮機能・運搬機能・耐性機能の活用による汚染土回復、草地生産性向上、森林施業方策策定、不良土壌改良、地球保全型農業技術確立、堆肥化促進、生活汚水浄化などである。
　農業におけるミミズの活躍は、とくに土づくりと堆肥づくりに発揮される。

ミミズの土づくり能力

移入ポット試験の事例

　温室のポットで大麦を①化成肥料を加えた、②土のみ、③枯れ葉で被覆した、④枯れ葉で被覆しミミズ（ヒトツモンミミズ）を2匹入れた、⑤枯れ葉で被覆しミミズを4匹入れた、⑥枯れ葉で被覆しミミズを8匹入れた、の6条件で栽培した。
　生育を高め成分を変化させる：大麦の生育は②が最も劣り、④⑤⑥は移入したミミズの数が増すにつれ、草丈が伸びて茎数が増し、収量も確実に増加した。③では草丈は伸びたが収量は低かった（3-1）。大麦の子実と茎葉の成分は、①に比べ、④⑤⑥は移入したミミズの数の多少にかかわらず全窒素、タンパク態窒素、リン酸、カリウムの含量が低かったが、茎葉のカルシウム量は増しており、とくに⑤⑥は著しく高く、ビタミン類のナイアシン含量もわずかに高まった（3-2）。
　土をやわらかくしpHや成分を高める：①の土はpHが他に比べ低かっ

第3章　ミミズは農業を支える土壌動物の代表

＜ミミズ移入ポット試験での結果＞
3-1　大麦の育成への効果（板倉1990に付加）

上：生育中期；下：収穫直前

①化肥	②無肥	③枯葉	④枯葉＋ミミズ2匹	⑤枯葉＋ミミズ4匹	⑥枯葉＋ミミズ8匹
100%	9%	37%	42%	62%	82%（実重）

3-2　大麦の成分への効果と土壌硬度

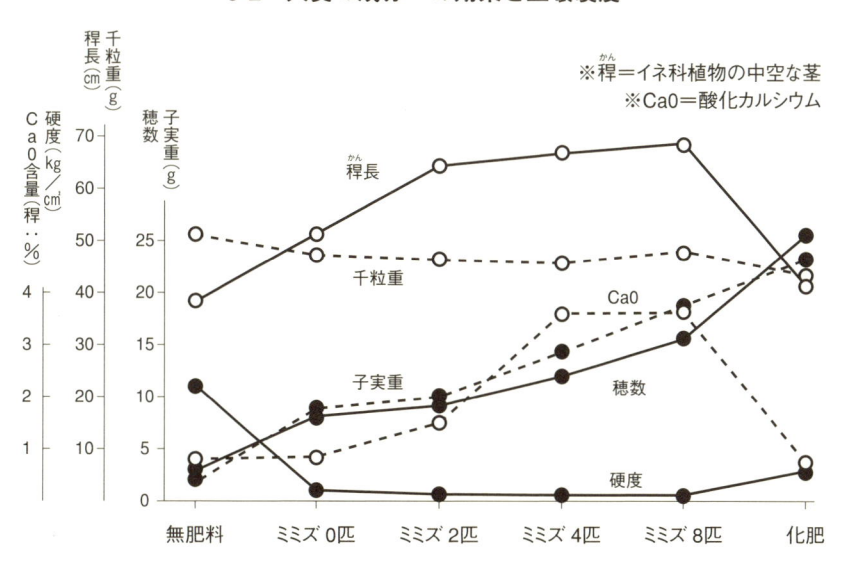

※稈＝イネ科植物の中空な茎
※CaO＝酸化カルシウム

た。一方、全窒素、アンモニア態窒素、リン酸およびカリウムの含量は高くなり、EC（電気伝導度。この値の上昇は化成肥料などの施用による塩類濃度の上昇を示し、高いと生育が阻害されることがある）の上昇が著しかった。さらに土壌表層もかたかった。これに対し⑥のpH、カリウムおよびECは②とおおむね同じ値であったが、カルシウム含量はミミズ移入数が増すと高まり、土壌はやわらかかった。

移入枠(3.3m×3.3m)試験の事例

　野外の枠で夏作に大豆、冬作に大麦を①化肥区（耕起・化成肥料）、②堆肥区（耕起・稲ワラ堆肥）、③ミミズ移入区（無耕起・作物茎葉および雑草刈り取り還元・ミミズを100匹移入）、の3条件で栽培した。ミミズの移入は、菜園から得たヒトツモンミミズの親を、大豆播種後（6月）に採集場の枯れ葉とともに枠の中心の表面に置いた。放置後2日間は発泡スチロールの箱で覆った。土の性質測定は移入4年後と6年後の大豆収穫直後に深さ0～5、5～10、10～15cmに分けて行った。

　生育が良くなり、収量が増す：毎年の大豆と大麦の収量は、③が他の2区よりも多かった。③の大麦は4年後までしだいに増加し、5年後に減少したが、これは①②も同様である。大豆の成熟は①に比べて遅れた(3-3)。

　土のpHや成分を高める：③のpHは中性に近づき、①は酸性化した（注：pHはpH7が中性で、これより大きい値はアルカリ性、これより小さい値は酸性）。全炭素とカルシウム量は③が高かった。リン酸量は、3区とも6年後に減少し、減少幅は③が少なく、①が顕著であった。マグネシウムとカリウム量は③で6年後に高く、①は減少した(3-4)。

　土の空気が増す：気相率は③と②はほぼ同じ、①はすべての深さで最小であった。液相率は移入4年後と6年後とも0～5cmで③が高く、他の深さでは①が高かった。固相率は③が低く、①と②は高かった。

　ササラダニなどが増す：4年後と6年後のトビムシ、ササラダニ、他のダニ、ヒメミミズの個体数、また9年後の大型動物の個体数と種類数、

第 3 章　ミミズは農業を支える土壌動物の代表

＜ミミズ移入枠試験での結果＞

3-3　大麦・大豆の収量への効果（中村2000から作成）

枠試験：移入4～5年後の収量の変化

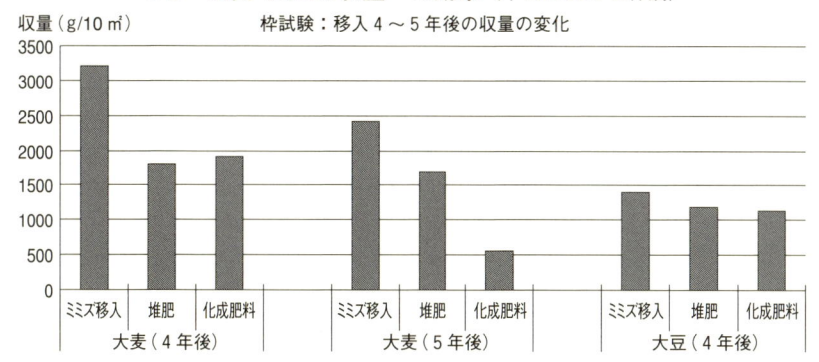

3-4　土壌成分への効果（中村2000から作成）

─○─ 4年後、─△─ 6年後

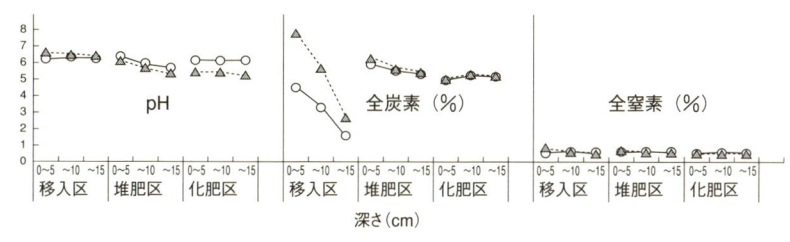

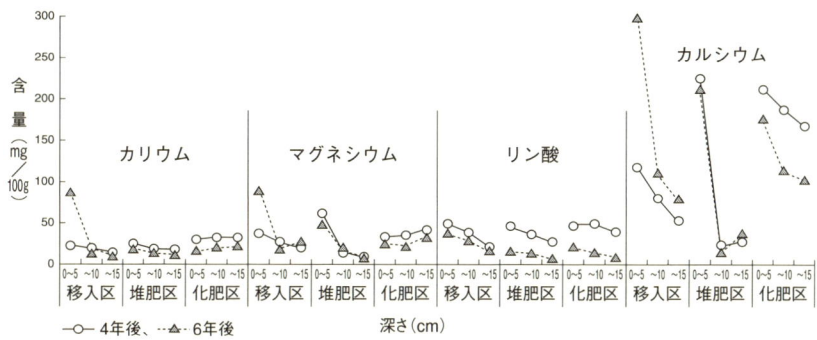

＜ミミズ移入枠試験での結果＞

3-5 大型土壌動物への効果

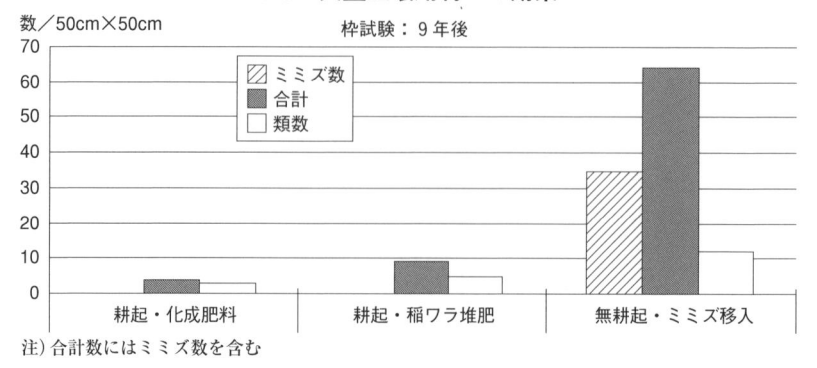

枠試験：9年後

数／50cm×50cm

凡例：ミミズ数／合計／類数

耕起・化成肥料／耕起・稲ワラ堆肥／無耕起・ミミズ移入

注）合計数にはミミズ数を含む

およびミミズ数は「③＞②＞①」の順となった（3-5）。

以上のように、ミミズを移入し栽培すると、作物は草丈が伸び（とくに一節）、質が変化し（カルシウム量が高まる）、収量が高まる。また、土壌圏は土壌がやわらかくなり（物理性）、カルシウムや窒素量が高まり（化学性）、土壌動物が多様化する（生物性）。しかも移入するミミズ数が多ければ、それだけその効果は強まった。

有機物を持ち込んでのミミズ増殖圃場試験の事例

有機物を畑（筑波試験地）の外から持ち込み、夏作に陸稲（品種：ハタキヌモチ）、冬作に小麦（品種：農林61号）および大麦（品種：カシマムギ）を5年間栽培した。管理条件は無耕起、無農薬、前作残渣被覆、雑草刈り取り放置、枯れ草（畑外の林床や土手から採取し、野積み）堆肥施用とした（以下、「土壌圏無耕起法」）。対照には耕起、化成肥料、化学農薬（除草・殺虫剤）、ワラ堆肥施用の管理条件のものをあてた（以下、「慣行法」）。

作物の生育がしだいに良くなる：土壌圏無耕起法の陸稲と麦の生育経過は異なる。陸稲の初年目は播種後30日間の生育が慣行法とほぼ同じであったが、その後はかなり劣った。3年目以降の播種後30日間の生育は

第3章　ミミズは農業を支える土壌動物の代表

＜有機物を持ち込んだミミズ増殖圃場試験での結果＞
3-6　地上部重と収量への効果

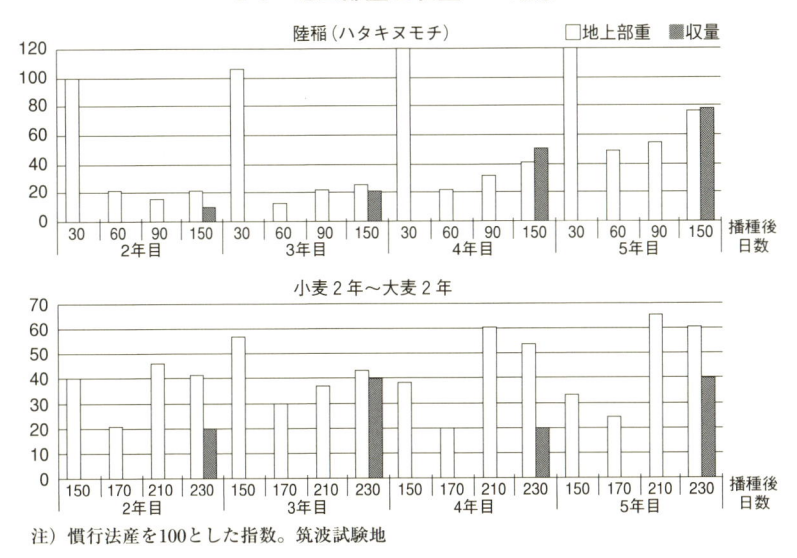

（陸稲（ハタキヌモチ））、（小麦2年～大麦2年）のグラフ

注）慣行法産を100とした指数。筑波試験地

3-7　土壌成分への効果

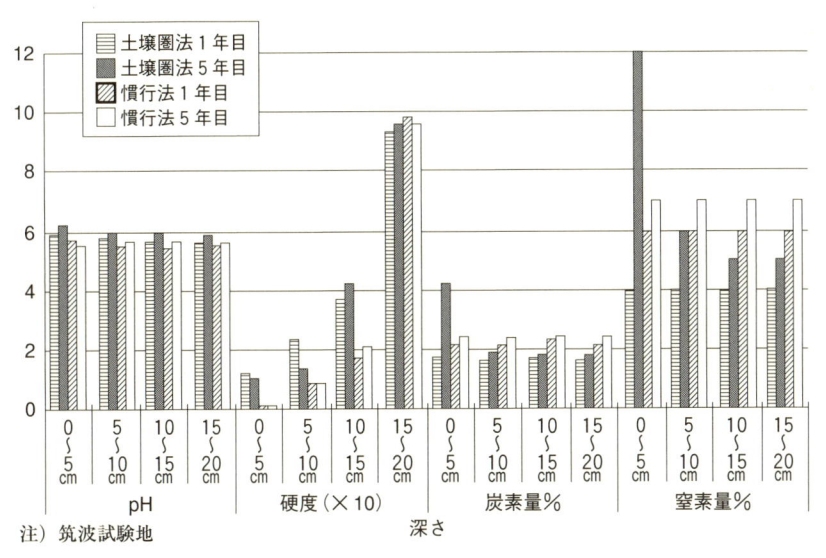

（pH、硬度（×10）、炭素量%、窒素量%を深さ別に示したグラフ。凡例：土壌圏法1年目、土壌圏法5年目、慣行法1年目、慣行法5年目）

注）筑波試験地

慣行法より優るが、やはりその後は劣った。しかし年数を経るにともない生育が良くなり、4年後（5年目）は収量が慣行法の80％になった。麦は小麦、大麦とも播種後の生育が成熟期まで慣行法より劣り、収量もしだいに多くなることはなく、慣行法の40％ほどであった（3-6）。

　土のpHが中性に近くなり、窒素と炭素が表層に貯まる：pHは深さ0～5cmとその下では異なる変化を示した。0～5cmでは慣行法では減少し、土壌圏無耕起法では高くなった。硬度は土壌圏無耕起法のほうが高いが、4年後（5年目）には減少した。炭素と窒素量は慣行法が上下層ほぼ同量であったが、土壌圏無耕起法の0～5cmでは4年後に2倍になった（3-7）。

　土壌動物の多様性が高まる：慣行法と比べて土壌圏無耕起法では、大型動物（陸稲収穫後調査）の密度がしだいに高くなり、種類も多かった。そのうちミミズは1年目は皆無で、2年目にフトミミズ類、3年目以後はフトミミズとツリミミズ類が急激に増加した。ササラダニ・トビムシ・ヒメミミズ・他のダニの合計数は全期間（5年）ほぼ同じであったが、ササラダニは5年間の後期、他のダニ類は前期に多く、ヒメミミズとトビムシは中期に少なかった（3-8）。ササラダニは土壌圏無耕起法が初年目11種で、それ以降種類が追加し全期間で33種採集され、1調査の最大は16種であったが、慣行法は毎回1～2種が採集され合計7種と少なかった。ヒメミミズはどちらも4～5属の種類が採集されたが、高密度の属がそれぞれ異なった。

有機物を持ち込まないミミズ増殖圃場試験の事例

　畑（福島試験地）の周囲を草地（1～2m幅）とし、畑外から有機物を持ち込まず、夏作に大豆（ホウレイ）、冬作に大麦（ベンケイオオムギ）を9年間栽培した。管理条件は無耕起、無農薬、前作残渣被覆、雑草刈り取り放置（以下、「土壌圏無耕起法」）。対照は慣行法で栽培した。

　大豆の収量は増し、麦の収量は減る：土壌圏無耕起法の大豆の収量はしだいに増し、4年後は慣行法の175％に達した。土壌圏無耕起法の大

第3章 ミミズは農業を支える土壌動物の代表

＜有機物を持ち込んだミミズ増殖圃場試験での結果＞
3-8 土壌動物への効果

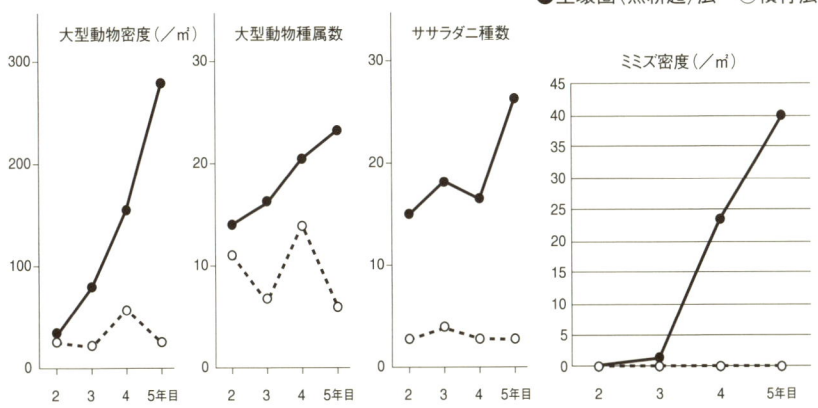

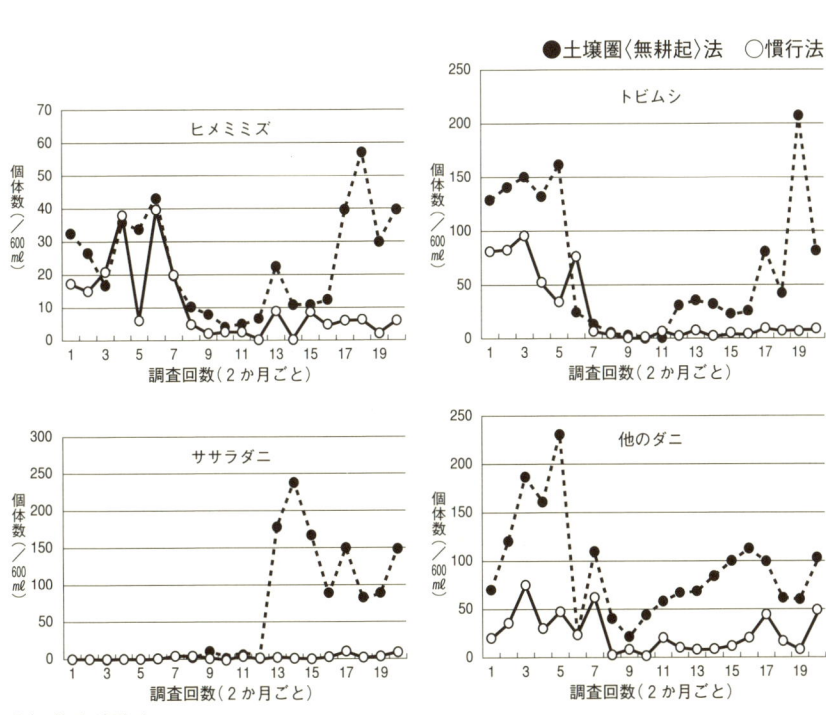

●土壌圏〈無耕起〉法　○慣行法

●土壌圏〈無耕起〉法　○慣行法

注）筑波試験地

豆の根（主根）は地中深くに伸びず、側根が土壌表層（0～5cm）に集中した。大麦は2年後に増収したが、その後の変動が激しくしだいに減少し、4年後は慣行法の70％となった。この理由としては、センチュウ害による連作障害の発生と考えられる。

　土の成分量が増す：6年目の大豆収穫後の炭素・窒素・リン酸の量は慣行法の4層（5cm刻み）ともほぼ同量で、これに対し土壌圏無耕起法は0～5cmが最も多く、深くなるにつれ減少した。カリウム量・塩基飽和度・マグネシウム量・電気伝導値は「慣行法＞土壌圏無耕起法」、ナトリウム量・カルシウム量・pH値は「土壌圏無耕起法＞慣行法」であった。土壌圏無耕起法ではマグネシウムを除く各値が0～5cmで高かった。9年後は差がはっきりと出た（3-9）。

　腐植層が創造される：表層（5cm）の地温の日変動は、慣行法のほうが土壌圏無耕起法に比べて激しかった。降雨後の表層の土壌は、土壌圏無耕起法はすみやかに乾燥するが、下層（25cm）では土壌圏無耕起法で水分変動が少なく乾燥が遅かった。固相・液相・硬度は「土壌圏無耕起法＞慣行法」であるが、気相率・孔隙率は「慣行法＞土壌圏無耕起法」であった。6年目の土壌圏無耕起法の表層には、1cm程度の腐植層が形成されていた。

　土壌動物の多様性が増す：ヒメミミズ・ササラダニの種数と個体数は各年とも「土壌圏無耕起法＞慣行法」であった。春（3月）から夏（7月）、慣行法ではヒメミミズ類がほとんど見つからなかった。大型類の個体数も各年とも慣行法のほうが低く、その組成も単純であった。土壌圏無耕起法ではしだいに密度が増加し、処理7年目から急増した。ミミズは慣行法からは採集されなかった。土壌圏無耕起法のミミズは、周囲の草地から侵入したと推定されるツリミミズ科の種類が3年目に見つかり、その後には他の種類も現れた。ミミズの数は4年目から増加し、9年後は1㎡当たり200個体以上となった。ツリミミズ科3種とフトミミズ科2種が採集され、前半5年間はツリミミズ科が、後半4年間はフト

第3章　ミミズは農業を支える土壌動物の代表

＜有機物を持ち込まないミミズ増殖圃場試験での結果＞
3-9　土壌成分への効果

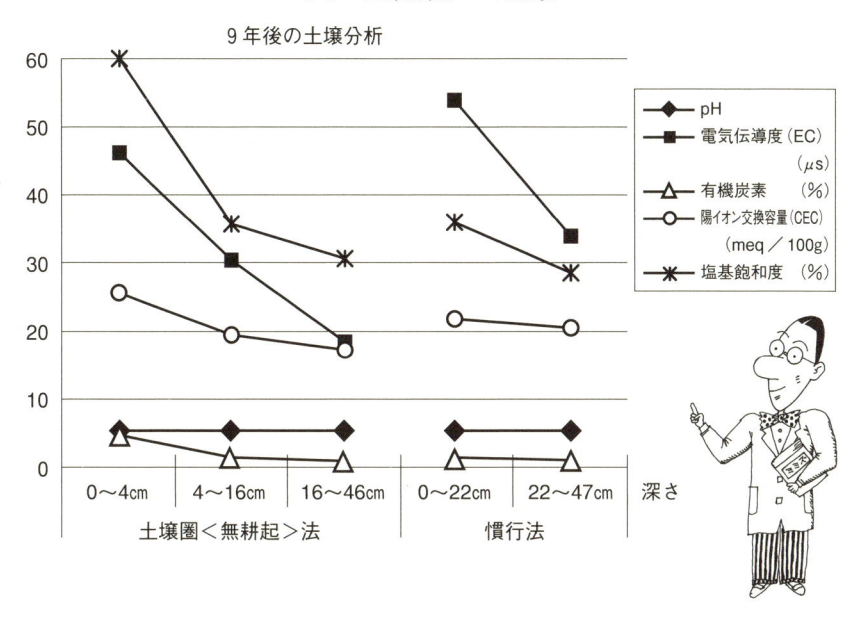

9年後の土壌分析

凡例：
- ◆ pH
- ■ 電気伝導度（EC）（μS）
- △ 有機炭素（％）
- ○ 陽イオン交換容量（CEC）（meq／100g）
- ＊ 塩基飽和度（％）

深さ
土壌圏＜無耕起＞法：0〜4cm、4〜16cm、16〜46cm
慣行法：0〜22cm、22〜47cm

3-10　土壌動物への効果

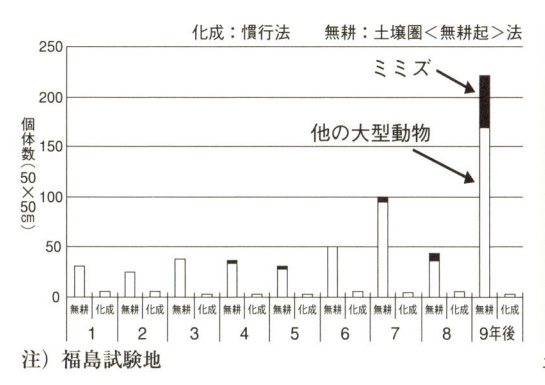

化成：慣行法　　無耕：土壌圏＜無耕起＞法

個体数（cm²×10）

1〜8、9年後

■ ミミズ
□ 他の大型動物

注）福島試験地

9年後の大型動物

土壌圏＜無耕起＞法　　慣行法

ミミズ科の個体数が多かった（3-10）。

ミミズの堆肥づくり能力

完熟堆肥とは

　2004年11月に家畜排せつ物法が発効し、一定規模以上の畜産農家は、家畜糞尿を堆肥化することが義務化された。このことによって、施設整備費の負担による廃業や、堆肥の供給過剰が危惧される。

　秋の風物詩といえば、どでカボチャ大会。つい巨大なカボチャを育てる工夫を尋ねてしまう。栽培者は完熟な堆肥を強調するのだが、しかし、その内容はさまざまで、完熟の物差しがはっきりしない。ある農家は家畜糞堆肥を1～2年間野積み、あるいは1年間何度か切り返した完熟堆肥を使っているそうだ。完熟させないものは、堆肥への期待（安定した構造、均衡のとれた栄養素、多様な生物相）を裏切り、あまりに塩類濃度が高いから、というのがその理由である。

　現在の堆肥は微生物の発酵による急速堆肥化が主流で、そのための微生物も商品化されている。しかし、ほんとうに微生物による急速堆肥は、完熟堆肥なのだろうか。また、家畜排せつ物法によれば、堆肥製造は「覆いと側壁ならびに不浸透性の床をもった構造の施設でおこなう」とされている。この構造は、易分解性有機物の分解（土中での急速な分解を防止）、水分の減少、有害生物（病害菌・寄生虫卵・雑草種子）の死滅・不活性化、原料の汚物感や臭気の解消、などといった、家畜の糞尿を処理する上での期待を満足させるかもしれない。しかし出来上がった堆肥への期待に十分応えるものとなっているのだろうか。

発酵堆肥とミミズが関与した堆肥の差

　本来は堆肥場で、ミミズが大いに活躍していた。しかし近年見られるようになった発酵堆肥場ではミミズの関与はほとんど不可能である。ここでは、ミミズが関与した堆肥（ミミズ堆肥あるいはバーミコンポスト）と関与しない堆肥（発酵堆肥・急速堆肥）の成分の差を紹介しよう。

第3章 ミミズは農業を支える土壌動物の代表

3-11 さまざまな堆肥によるコマツナの発芽試験

微生物堆肥　　牛糞堆肥　　ミミズ堆肥(新鮮)　ミミズ堆肥(1年保管)
(材料は牛糞)　　　　　　　(材料は牛糞)　　　(材料は牛糞)

播種2日後
播種16日後

　バーク（樹皮）と牛糞の発酵堆肥は、褐色の粉状である。これにシマミミズを入れると、黒色の粒状（団粒）に変化した。稲ワラを堆積し、発酵させずにミミズを関与させた堆肥は7mm大の団粒が多くを占め、プロリン、カルミンなど多様なアミノ酸が含まれていた。

　ここでのミミズの関与のしかたは、発酵堆肥に残る微生物の活動に、ミミズの腸内の微生物および蠕動運動の物理活動と、分泌物の化学活動が加わることである。団粒は、粒が何らかの糊で固まってできたものである。その糊は従来から微生物生成物が主とされているが、ミミズの生成物や蠕動運動なども必要なのだ。

　家畜の糞を材料にした発酵堆肥には、それを水に漬けて洗っても、移入したミミズが死んでしまうものがある。同様に、生ゴミ処理機の給食残渣堆肥は塩分が海水なみに高いこともあり、やはりミミズが死ぬ。簡易な判定基準であるコマツナの発芽も阻害される。一方、ミミズ堆肥の場合はコマツナの発芽も生長も順調である（3-11）。

ミミズ堆肥の特徴

　ミミズが堆肥化に関与すると、腸、とくに砂嚢で有機物をほぐし、その表面積を拡大して微生物の活動を促す。ミミズは、この有機物で生育する微生物から栄養の一部を得る。また、糞とともに腸から排出した微生物は、その後もしばらくは糞の多糖類を活用して活動を続け、未堆肥物の堆肥化が促進される。さらに、ミミズの摂食活動が堆肥材料を好気性状態に保ち、餌の表面を粘液（分泌物）や糞で覆うため、悪臭やハエなどの発生が少なくなり、大腸菌数も減少する。ミミズ堆肥製造の過程で排出される液（通称、「ミミズの尿」）も肥料となる。

　化学成分の総量が大幅に増加することはないが凝縮され、作物が吸収しやすい水溶性となる。また、異なる有機物がミミズの腸で混合され、適切に組み合わされた養分の組成となる。多糖類は増加し、根が吸収可能な硝酸態窒素、リン酸やカルシウムも増加する。植物生長促進物質（オーキシン、ジベレリン、サイトキニンなど）や酵素（セルラーゼ、ホスホターゼなど）が付加されることで、酵素活性も高まる。硫化物が減少する。

ミミズ堆肥の効能

　実験では、ミミズ堆肥を地表に散布したり植え溝に入れることによって、発芽とその後の生長を早め、なぜか花芽も早くついた。また、ミミズ堆肥を水に漬け、その上澄み液を液肥として大麦を栽培することもできた。今後は、その施用量や施用時期などの検討が必要である。

　生長の促進効果はレタス（茎長200％増）、ラズベリー（収量20％増）、緑豆（収量152％増）、イチゴ（収量25％増）、コショウ（収量16％増）、トマト（収量50％増）で見られた。タンパク含量は赤カブ（3％増）、レタス（8％増）、キノコ（23％増）で増加した。

　また、ミミズ堆肥は、VA菌の活力を増加させ、土壌動物の組成を豊かにし、さらには糸状菌・細菌食センチュウを増加させ、植物寄生センチュウを減少させた。また、キュウリ苗立枯病、キャベツ根こぶ病など

3-12 シマミミズの見分け方

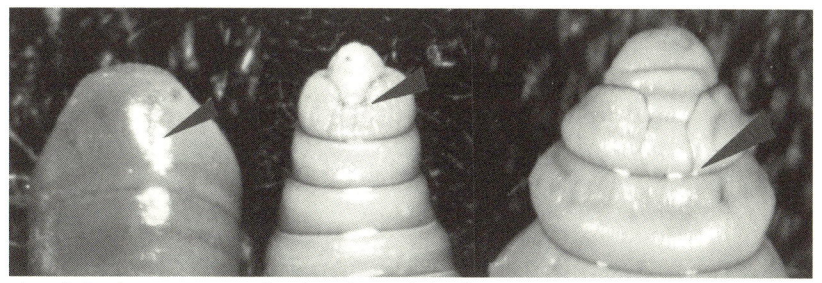

シマミミズ　　　カッショクツリミミズ　　　レッドミミズ

の地下部の病気発病を抑制したり、コショウのアブラムシ、ラッカセイのホソガなどの害虫被害をかるくした。

ミミズ堆肥化で出るいわゆる「ミミズの尿」も、トマトの発芽を促進し、トウモロコシの根の伸長を促進させ、麻の種のかたい殻を壊す効果があった。また抽出腐植酸を用いることで、トマト、コショウ、イチゴの生育促進（収量増）が確認された。

堆肥ミミズの好適条件

堆肥の製造に有効なミミズは数種類あるが、日本ではほとんどがシマミミズである。この種類はふつう畑で殖えることはなく、堆肥とともに畑に入っても堆肥がなくなるとともにいなくなる。餌など飼育法が異なると、体長や体色が異なり、この種類の特徴である縞模様が見えにくくなることもある。欧米で使われる通称「レッドワーム」（*Lumbricus rubellus*）とは頭の先端が異なり見分けがつく（3-12）。

シマミミズの好適条件は、温度は15～20℃、水分は80～90％、酸素濃

度は15％以上、二酸化炭素濃度は6％以下、酸化還元電位（Eh）は－100mV以上、アンモニア濃度は0.5％以下、pHは5〜9、炭素／窒素比は30／1とされる。

　シマミミズを堆肥化に関与させるには、こうした条件を整えることである。それには堆肥材料を高さ、幅、奥行き1〜1.5mほどに野積みし、湿気と空気を確保する。けっして発酵させないことである。

　さらに材料はやわらかいものとかたいものをまぜるなど多種多様とする。家畜糞を加えるのもよい。ほぼミミズが全面に入り込み、ミミズ堆肥となったら、その3分の1を次の堆肥化に用いるため、新しく野積みされた堆肥材料の横側に押しつける。

　もし発酵したならば、温度低下（30℃以下）後に関与させる。

第 4 章

農業の担い手となる土壌動物の素顔と活動

土壌動物を探す

　土壌圏の土壌動物は多岐にわたる。大きさは1 mm以下から2 mになるものまであり、その食性、棲み場、大きさ、機能などから仕分けることができる（4-1、4-2）。

　土壌動物は、互いに食う食われるの関係となる捕食連鎖、枯れ葉などの腐朽の程度に応じて出現する腐生（ふせい）連鎖、あるいは寄生などの関連を持ち、いわゆる「ただの虫」を含めて、いずれも農業の担い手になりうる。

　これらの土壌動物を探すのには、さまざまな方法がある。

　手づかみ法（ハンドソーテング）：ミミズなどの大型動物類を探すための方法。枠（杭が四隅についた木または鉄製の枠）を地表に置き、杭で固定する。枠内の堆積物中や地表の動物をすばやく採集し、その後、土を掘り取りシート上に移す。土塊や根を手でほぐしながら動物を採集し、60％エタノール液を入れた管瓶に入れる。

　湿式篩（ふるい）法：中型湿性類のヒメミミズを探す方法（オ・コーナー装置）。土などを麻布で包み、ロート内の水中に浸し、電灯（反射形40W）を3時間通電する。電灯の高さは、3時間後に水面が42℃になるよう調節する。3時間後、コックを開きロート下部の水を容器に移す。その水を少しずつ平たい容器に移し、実体顕微鏡（10～40倍）下で計数する。保存は60％エタノール液を用いる。センチュウを探す場合は電灯を使わず、土をモスリン布に包み、2日～数日間水中に浸す（ベールマン装置）。

　乾式篩（ふるい）法（ツルグレン装置）：トビムシ、ダニなどの中型乾性類を探す方法。土などを篩に入れてロートにのせ、電灯（反射形40W）を2～4日間通電する。電灯の高さは土の表面が急激に乾燥し高温にならないように調節する。ロート下部の容器（少量の60％エタノール液を入れた容器）の液を少しずつ平たい容器に移し、実体顕微鏡で計数する。保存は60％エタノール液を用いる。

第4章　農業の担い手となる土壌動物の素顔と活動

4-1　土壌動物の仕分け

●動物群（門）	●食性	●棲み場	●大きさ	●機能（主な）
原生動物〜アメーバ、ミドリムシなど	落葉食群	枯葉生息群	大型類	土壌環境形成群
扁形動物〜コウガイビル、ウズムシなど	材	腐植	中型（湿性）	〈土の物理性を調える〉
袋形動物〜ワムシなど	根	土（乾性）	中型（乾性）	〈土の化学性を調える〉
線形動物〜センチュウなど	腐植	土（湿性）	小型	土壌生物調整群
軟体動物〜カイ、ナメクジなど	蘚苔	土（水性）	微小型	〈土の生物性を調える〉
環形動物	菌	生物（寄生）		
〜貧毛綱〜ミミズ、ヒメミミズなど	捕食			
〜蛭綱〜ヒルなど	寄生			
緩歩動物〜クマムシなど				
節足動物				
〜蛛形綱〜ダニ、クモなど				
〜甲殻綱〜ダンゴムシなど				
〜唇脚綱〜ムカデ、ゲジなど				
〜倍脚綱〜ヤスデなど				
〜昆虫綱〜トビムシなど				
脊椎動物〜モグラ、ネズミなど				

注）動物群は『生物学辞典』3版による

土壌動物はどのくらい、どこにいるのか

　森や畑にどれほどの種類の土壌動物がどのくらいいるかは、はっきりしない。枯れ葉や腐植がたっぷりある森では多様な土壌動物が生息し、例えば足の一歩にミミズが10匹ほど生息すると言われる。体長が小さい動物群ほど数が多く、それぞれの動物群の種類も多い。例えば森の表面積20㎠、深さ5㎝（100mℓ）にササラダニが17種類いることもある。

　一様に見える芝地の1m四方を500枠（1枠の表面積20㎠）に分けたところ、枠内のケナシヒメミミズ数が0〜10匹以上とばらつき、しかも片側に集中して分布していた。種類が異なると集中する枠が異なったり、あるいはほぼ全枠に同数（一様分布）のこともある。一様に見えても土壌の質は全体が同じではなく、その変化に応じて数が変化する種類（好き嫌いが激しい？）もいれば、あるいは少しくらいの変化をものともせずどこでも生息する種類（適応力が強い？）もいる。一方、ほとんどの動物は地表近くに多く、深くなるにしたがい少なくなる。もちろん深い

4-2 大きさ別での土壌動物の例

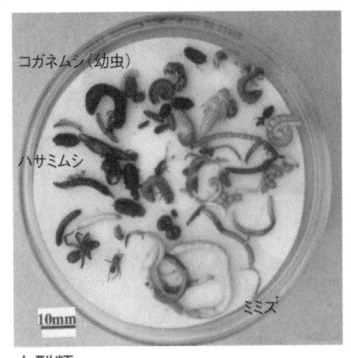

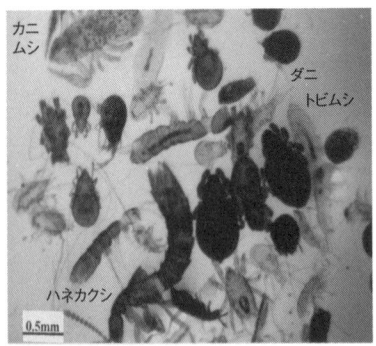

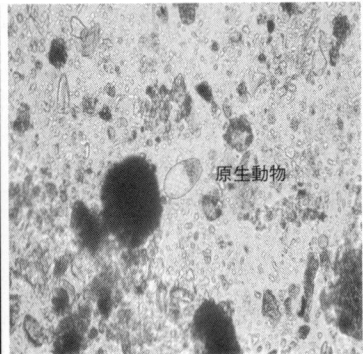

大型類 (コガネムシ(幼虫)、ハサミムシ、ミミズ) 10mm

中型乾性類 (カニムシ、ダニ、トビムシ、ハネカクシ) 0.5mm

中型湿性類・小型類 (ヒメミミズ環帯(鞍型)、センチュウ、ヒメミミズ) 0.5mm

微小型類 (原生動物)

4-3 日本の主なミミズの生態型による分類 （中村1998、2001）

	堆肥生息型	枯葉生息型	表層土生息型	下層土生息型
孔道	無	無	地表に開く	地下深くつながる
糞	小さい	不鮮明	表層や土壌の隙間	孔道や土壌の隙間
体色	中間	濃色	中間	淡色
餌	分解中の堆肥	分解中の枯れ葉	分解中の枯れ葉や土	土や枯れた根
主な機能	腐植化	腐植化	運搬混合	撹拌・構造形成
主な種類	シマミミズ	キタフクロナシツリミミズ ムラサキツリミミズ	サクラミミズ カッショクツリミミズ ニオイ（クソ）ミミズ	バライロツリミミズ ヒトツモンミミズ リュウキュウミミズ ハタケミミズ

ところが好きな種類もある。

これまで土壌動物は主に土壌害虫として扱われ、多量の情報が蓄積されている。もちろん現在でも土壌害虫の防除は大きな課題である。害虫として以外で話題となったのは、列車を止めるキシャヤスデくらいだろうか。

土壌動物の研究史は短く、情報も多くないが、ここでは農業の担い手となる土壌動物として大型類からミミズ、中型湿性類からヒメミミズ、中型乾性類からササラダニとトビムシ、および小型類からセンチュウの概要を紹介する。

ミミズの素顔

ミミズ（アースワーム）は大型ミミズの通称。ほとんどの大陸に生息し、種類の記載は1700年代に始まる。現在は陸棲（土壌生息）種が3600ほど、水生種と小型ミミズ類を含めると約7000種ほどが知られている。南米やオーストラリアには体長2mのものがおり、まるで宇宙服を着てミミズと格闘しているような石版画も残されている。日本の最大種は50〜60cmほどである。

日本の大型（土壌生息）ミミズは5科（フトミミズ科、ツリミミズ科、フタツイミミズ科、ジュズイミミズ科、ムカシフトミミズ科）が知られ、このうちフトミミズ科の種類が60〜100種と多い。西日本の山道に多数出てくる体長40cmほどの青光りするシーボルトミミズはフトミミズ科、堆肥づくりのシマミミズはツリミミズ科、日本最大のハッタミミズはジュズイミミズ科、発光するホタルミミズはムカシフトミミズ科である。

欧米ではフトミミズ科の種類がわずかなので、ミミズといえばツリミミズ類の種類をいう。ところが日本ではツリミミズ類の種類が少なく、山野で見かけるミミズはフトミミズ類の種類である。

棲み場所で4生態型に分類

日本のミミズは棲む場所の特徴にもとづき、堆肥生息型、枯葉生息型、

表層土生息型、下層土生息型の4つの生態型に大きく分けられる（4-3）。農地でのミミズは種類が少なく、今後新しい種類にぶつかることはなさそうだ。留意すべきは堆肥生息型のシマミミズの扱いを別にすることである。

　日本の草地や畑地はフトミミズとツリミミズ類がほとんどで、草地はツリミミズ類、畑地はフトミミズ類の数が多い。畑地のフトミミズ類は枯れ葉の持ち込みや無耕起を長年続けると、腸盲嚢（ちょうもうのう）が単純型から複雑型への種類に変遷する傾向にある。

　水田は、水のある期間はミズミミズ類が大部分であるが、落水とともに減る。落水後はミズミミズの代わりにヒメミミズがしだいに多くなる。また収穫後は、周囲の畦（あぜ）からツリミミズ類が刈り株や地表のワラに入り込み、その後フトミミズ類も入り込む。秋起こしや冬季灌水（かんすい）しなければ、冬から春はミミズがさかんに活動する。かつてはフトミミズ類が畦に孔を開け漏水させる、あるいはミズミミズ類が移植苗の活着を妨げるなどの理由から薬剤が使用された。近年ではマルチ栽培の拡大とともに、ミミズが苗の活着を妨げることが多くなったが、けっして昔のように薬剤防除に走らないことを期待する。

タンパク質が豊富

　ミミズは、体が多くの体節に分割されているなどの形態的特徴や、特別な呼吸器官がないなどの生理的特徴を持つ。

　体内成分にも特徴がある。例えばシマミミズは水分が約80％、残りの乾燥重の約60％がタンパク質で、炭水化物は18％、脂肪は8％、そして2.92kcal/gの熱量を持つ。アミノ酸組成は多様で、とくにグルタミン酸とアスパラギン酸が多く、チアミンなどビタミンも含まれ、その栄養価は魚粉に匹敵する。ミミズそのものはアミノ酸を合成することができないので、これらのアミノ酸は餌とともに呑み込まれた微生物（主に細菌）の産物とみなされる。したがって、同じ種類でも餌の内容でアミノ酸含量は大きく異なる。

ミミズは魚粉の代わりに家畜家禽(かきん)の餌として使用されており、人類の将来のタンパク源としても商品化が検討されている。なおフトミミズ類の成分は測定されていないようである。

粘液の効能

体表面は常にヌルヌルで、この液が動きを滑らかにしたり、外界の刺激物を中和する。この粘液は、アンモニアなどの窒素成分が主である。毎日の生活を通じて出される量は1年間に窒素換算で28kg/haと計算され、糞からの15.1kg/haよりも多い。

シマミミズの背孔から出る粘液は鮮やかな黄色であり、その粘液からは新タンパク質としてメダカをも殺すライセニンが分離された。ニオイミミズの粘液は緑黄色で、臭いが強いが成分は不明である。フトミミズ類の腸の中味を除いた乾物（商品名：地龍）の煎じ汁は、熱さましとして古くから利用されてきた。解熱は体内のルンブロフエブリンの作用によるものとされている。ミミズを原料とした血栓予防の溶血材が商品化され、また主成分はコハク酸とヒアルロン酸と推定される殺精子能力を活用した避妊剤も検討されている。

食べ物はいろいろ

ミミズには歯がないが、食物を唇を伸ばし丸めて取り込み、数mmの枯れ葉や土の粒などをたやすく呑み込む。引っ張る力は強く、枯れ葉や野菜くずを引きちぎる。伸ばした唇（感覚毛のようなものがある）が餌かどうかを判定するのかもしれない（4-4）。

庭に積んだ枯れ葉や野菜くずに、ミミズがいつのまにか集まることからもわかるように、餌は基本的に植物質である。しかし土の上に枯れ葉と牛糞をのせると、ミミズは枯れ葉も牛糞も土とともに食べる。畑に棲むフトミミズ類の腸には、やはり植物質よりも小さな石や土の粒など鉱物質が多く、土（鉱物）そのものが本来の餌のようである。鉱物は一緒に呑み込まれた植物質をすりつぶしたりする役割を果たすほか、もちろん溶けて栄養となる。

4-4　ミミズの口

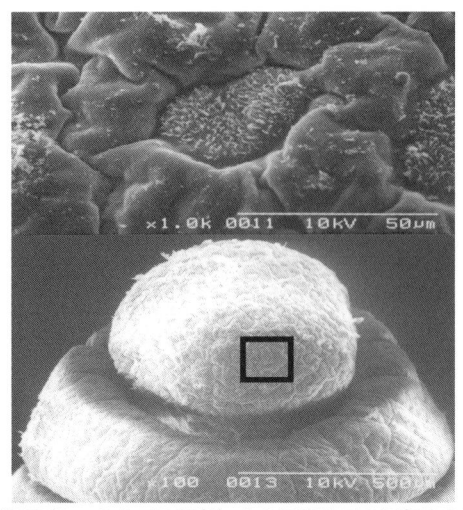

感覚器官（シマミミズの頭部）。上の写真は下の□部分の拡大

　シマミミズはホスホターゼ（リン酸の有効化）、セルラーゼ（植物遺体を分解）、カタラーゼ（酸化還元酵素）などの酵素を持つ。他の種類からもいろいろな酵素が見つかっている（例：キチン質分解酵素キチナーゼ）。つまりタンパク質、脂肪、炭水化物も消化することができるため、植物質のほかにも多くの物が餌となる。ペットの糞、肉や魚、砕いた貝殻や魚の骨、掃除機のゴミ、人間やペットの毛などが食べられるという。日本に棲むフトミミズ類の酵素分析例は見あたらない。

　食べる（呑み込む）ことと、栄養源は一致しない例もある。例えばシマミミズはクロレラを食べるが消化できず、また親になるためには餌に原生動物が含まれることが必要である。原生動物の高密度な場を探索する種類もいる。

　ミミズにも食べ物の好みはあるようだ。マツやブナなどいろいろな葉を並べてミミズを入れると、枯れ葉の種類あるいは同じ種類の枯れ葉でもかたさや腐れの程度、あるいは枯れ葉に繁殖した菌の種類で好き嫌い

を示す。リンゴの葉に細菌が繁殖するとよく食べ、また小麦ワラ表面にセルロース分解糸状菌が繁殖すると多量に食べる。微生物はミミズの餌となり、一方、ミミズの腸は微生物を培養する場となる。微生物とミミズの間には巧みな関連がうかがえる。また、インドの種類（日本に棲むハッタミミズの仲間）は、少なくとも８種類のカビを食べるが、抗性物質やかたい膜を持つカビは食べなかった。

　糸状菌や細菌の中にはミミズの餌となるものと、ミミズを死亡させるものがある。また、ミミズの餌（土）と糞内の微生物を比較したところ、ミミズの腸を通過すると密度（数）が増えるものと、減るものがある。

　ミミズは大きいよりは細かいもの、鉱質土よりも有機物を好む。フェノールやタンニンを嫌い、植物のクエン酸やリンゴ酸の低濃度部分を選ぶ。炭素量と窒素量の比率では、とくに窒素量の多いほうを好み、枯れ葉や堆肥など高栄養分を選ぶ。生きた根は食べず、新鮮な枯れ葉も餌として適当ではない。

優秀な糞を生み出す腸

　ミミズは「大地の腸」と言われ、まさに体の大半が腸である。餌は口から腸を通過し排出されるが、その通過時間は種類によって3.5〜24時間と幅が広い。シマミミズは約４時間である。

　飲み込まれた餌は、腸を通過する過程でカルシウムイオンなどの塩類やセルラーゼなどの酵素による化学的作用、同時に呑み込まれた砂粒や腸の運動による磨砕など物理的作用、および腸内微生物など生物的作用を受け、植物の根の生長に必要な養分やオーキシンなどの生長促進物質を含む素晴らしい糞に変わる。ミミズの腸は特異な変化をもたらす独特な場である。

地表に出される糞の量

　ミミズ糞の塚を見たことがあるだろうか。アフリカでは高さ20cmにもなり、牛も避けて歩くほどだ。ゴルフ場では球の転がる方向を邪魔するとして嫌われ、ミミズ駆除剤が使われている。

糞は地上よりも地下に多く出され、草原では地表に出される量は全体のわずか5％以下である。それでも地表に出される糞の量は、1年に28 kg/m²（日本）にもなる。この量は季節や植生などに、とくに耕地では栽培体系、1枚の畑でも畦や畝間などや作物の有無に影響される。

　日本各地から埋蔵文化財が発掘されているが、「構造物を地中に埋めるのはミミズ」と論じたのは進化論者のダーウィンであった。現在もその説にこだわる研究者もおり、ミミズが多く生息する草地の表面に置いた鉄輪が毎年9〜10㎜地中に埋まるという。

　このようにミミズは地表に糞を出すが、地表を這い回る姿を雨上がり以外あまり見かけない。土の表面を24時間観察した学生によると、地表に出るのは梅林では暗闇の時間帯だけだったが、畑地では日中でも多くが表面を動いているのを見たという。

繁殖の方法

　ミミズは雌雄同体であるが、他個体との交接〜産卵が一般的で、自家受精（自己の両生殖器官を用いて）や単為生殖でも殖える。「ミミズは切れると2匹になる」と誤解されているが、これは切断後もしばらくどちらも動くからであり、2匹になることはない。しかし、頭を持つほうは再生力があり、生きることもある。

　卵包は鶏卵の外殻を取り去った内側の薄い膜の状態（卵包膜）で産み出され、両端にネジリ状の突き出た部分がある（4-5）。なぜ突き出た部分があるのかは、産卵行動からわかる。

　卵は尻や体に開いた穴からポトリと出てくるわけではない。体の前のほうにある帯（「環帯」と呼ばれ、親になると体から分泌される粘液がかたまり薄い帯〜円筒となる）の中にまず卵子が出され、帯はしだいに頭のほうに移る。その間に精子が出され、頭から抜ける。前部が抜けると帯の端が閉じ、さらに後部が抜けると帯の反対側の端も閉じる。こうして両端のネジレができ、やがてここから幼体が出てくるのである。

4-5　ミミズの卵包

卵包の両端に突起(矢印)がある(単位はmm)

ミミズの卵包

　卵包の形は球から俵型、大きさは3～8㎜、色はうすい緑から褐色といろいろである。卵包膜は水が通りやすく、乾いたところではすぐ乾燥し干からびるため、卵のまわりを糞で囲み乾燥を防ぐこともある。地中の浅いところや腐りかけた木の孔から見つけられる。産卵場所はふだんから棲んでいる場所と思われるがはっきりしない。

　鶏卵もときには黄身が2個あり双子が生まれることもあるが、日本のツリミミズ類は種類によってその数がほぼ一定しており、1卵包から1匹の種類が多いが、2匹の種類もある。シマミミズは2～6匹と一定しておらず、ときには20匹も入っていることもある。フトミミズ類は1匹と思われるが不明である。

　1匹のミミズが1年間に産む数は、日本の種類では不明である。ヨーロッパの記録では、日本にいるのと同じ種類のカッショクツリミミズが27個、バライロツリミミズが8個、およびシマミミズが11個という。ヨーロッパでふつう見られるルンブリカス・ルベルス(レッドワーム)は79個とかなり多い。

生長条件と寿命

　卵包から幼体が生まれるまでの時間は、温度が高いと短縮される。北

海道に生息するツリミミズ類の7種類のうち、とくに温度との関連が強いのは3種である。例えばサクラミミズは温度が10℃では60日間を要するが、25℃では半分の30日ほどに短縮された。

　孵化した幼体は、十分な水分があれば絶食状態でも数日間は生きる。餌を食べ始めると体重を増し、室内飼育のサクラミミズは孵化後8か月頃に性的隆起壁（ヒトの二次性徴にあたる）、その後4か月目（通算13か月頃）に環帯ができる。シマミミズは2か月で親になることもある。

　生長の経過は、温度などの飼育の条件によって異なる。例えばツリミミズ科の6種のうち、室温（15～25℃）で2種が親にまで生長し、室温以上の30℃の一定温度にすると全種類がわずか1～2日で死亡した。5℃では全種類が少し生長し、22℃または15℃の一定温度では親にならなかった。このことから、満足に生長するには平均17～18℃くらいで、しかも温度が変動することが必要なようである。

　日本のフトミミズ類の飼育例は少なく、わずかにフツウミミズの飼育例が戦前に見られる。これによると4月に孵化した後、貯精嚢ができたのが孵化後4週目、以後同様に雄生生殖門（5週目）、受精嚢（6週目）、環帯（10週目）、産卵（13週目）となっている。

　日本の種類の寿命は不明であるが、海外のツリミミズ類の仲間は数年であるという。

ミミズ同士の関係

　ミミズが互いを見分ける手段は明らかでない。堆肥に多数のシマミミズが生息し、ときに寄り集まって団子状になるが、その理由は不明だ。草地ではわずか10cm四方に2～3種が棲んでいたり、A種がいるところには、たいていB種がいる、といったことがある。またC種の棲む孔に形態がかなり異なるD種が棲み込み、C種を離すとD種は探し回り、C種に接触しようとする、といった行動も見られる。2種をまぜて飼育すると、片方の体重増加率や酸素消費量を減少させる組み合わせがあったが、なぜなのかは明らかでない。

土壌圏無耕起栽培を始めた畑では、最初はツリミミズ類が多いがしだいにフトミミズ類が多くなり、年数を重ねるとフトミミズ類も腸盲嚢が複雑型から単純型の種類が多くなった。ツリミミズ類は体内に石灰腺を持っているため体内の有機酸を中和し、石灰層のある土壌では石灰を糞として表層に運搬する。他方、フトミミズ類はこの石灰腺が明瞭でなく、腸盲嚢があるが、その役割は不明である。フトミミズ類を移入した土壌のカルシウム含量が高まるのは腸盲嚢の作用なのか、ミミズ自身にとってカルシウムはどのような意味を持つのか、ミミズ分布とカルシウム含量の関連があるのかないのか、謎につつまれている。

外来魚のブルーギルが在来の魚を絶滅させる恐れがあるなど、外来生物が生態系に及ぼす影響が大きな社会問題となっている。同じことがミミズ社会にも起こりつつあり、オーストラリアではイギリスからツリミミズ類が入り込み、在来種が駆逐されつつあるという。

ミミズは冬眠する？

ミミズは環境が不利になったとき、休止、仮眠あるいは休眠で乗り切る。休止とは、静止して腸内を空にすることで、脱水は激しい。仮眠とは、部屋をつくり腸内を空にして丸くなり性表徴が退化し、脱水はあまりしない。休眠も部屋をつくり腸内を空にし丸くなり性表徴が退化するが、脱水は起こらない。しかし、なぜこれらの違いが起こるのか、その理由は謎である。

ミミズの体温は外界温に合わせて変化する。冬季の低温によって活動は低下するが、冬眠はなさそうだ。

ミミズの天敵と病気

ミミズの最大の敵はモグラであり、モグラの食べ物の半分以上はミミズである。また鳥、カエル、ヘビ、オサムシなどの昆虫やハエの幼虫、ヒル、プラナリアなどがミミズを食べる。卵包内にダニが入り込むこともある。

ミミズの体表をつついたり、あるいはミミズの体表が刺激のある液に

触れると、背（孔）から液が霧状に勢いよく飛び出し、ときには30cmの高さまで届く。この液や体表のヌルヌルが眼のまぶたにつくと、ピリピリする。「〇〇に付くと腫れる」とよく言われているが、巷には腫れた人が多くいるのは事実である。また、シマミミズの背孔から飛び出す液は、メダカをも殺すことが知られている。カラスがフトミミズを水たまりでふりまわして、洗っているのを目撃したこともある。しかし、この液が天敵を脅かすとは考えにくい。また、ニオイミミズの強烈な臭気の成分とその意味は不明である。海外のツリミミズ類には、持続性（3か月）を持つ警戒フェロモンを出す種類がいる。

　土中にはミミズに有害な菌が存在し、しかもその菌が自分の腸内で増殖することもある。つまりミミズも病気になるのだが、ミミズがどのように病気を回避するのかはまだ知られていない。

ミミズは高等動物？

　ダーウインは、ミミズがわずかであるが知能を持つことを記している。また、ミミズは原始的な動物の仲間で知能が低い下等動物とされるが、シマミミズやフクロナシツリミミズは、卵包を糞で囲んでわが子を保護する行動を行うことが知られている。こうした保護行動は高等動物の高い知能の表れとされているのだから、ミミズもりっぱに高等動物の仲間である。

ミミズの悪行

　土壌に対して非常に有用なミミズなのだが、いろいろな要因で嫌われている。「それって悪さなの」というものもあるが、ここにミミズが嫌われる理由を一覧にしてみた。

・ゴルフ場で糞が球の転がる方向を狂わす。
・豚肺虫の中間宿主となる。
・畑でモグラを誘引し、そのモグラが作物の根を食う。
・畑でハクサイなどの葉に潜り込む。
・水田で糞がイグサの色艶を汚し、刈り取り機械の刃を摩耗させる。

・水田（マルチ法）で苗立ちを悪くする。
・公園の道路に這い出して腐り、美観を損ねる。
・牛乳瓶のシール（キャップ）に入り込む。
・不気味に光る。
・ともかく臭う。

ヒメミミズの素顔

　通称「エンキ」（ポットワーム）と言う。これまでに約600種が知られ、土壌圏とともに水圏にも多く生息する。日本では3新種を含む17種が記録されており、日本初の砕片分離種ヤマトヒメミミズ、日本で開発された土壌式汚水処理装置の汚水浄化機能を左右するシロヒメミミズ、ミミズを高等動物の仲間に押し上げるミカサヒメミミズが含まれる。

　体は乳白からやや黄色、体皮は半透明で体の内部が観察できる。形態的・生理的特徴は大型類とほぼ同じで、棲む場所の特徴にもとづいて、日本のヒメミミズは堆肥型、枯葉型、表層型、土壌型の4型に大きく分けられる（4-6）。

繁殖の方法

　両性生殖（自家受精・単為生殖もある）と無性生殖（砕片分離）で殖える。卵包は親の体長・体幅に比較して大きく、また半透明であるため幼体の成長経過を観察することができる。極地に棲む種類には冬期に曝されないと休眠が破れず孵化できないものもいる。

　ミカサヒメミミズは、高等動物の証とされている親による子の保護行動を示す。まず卵包が頭から離れると、しばらくの間その卵包を口唇でつついたり体をまきつけたりし、さらに卵包の周囲の物（飼育下では寒天培地）を口唇で摘み取り、卵包を覆う。この行動は乾燥を防ぐためか、他との区別か、はたまた親の腸内菌を伝達しているのか、興味深い行動である（4-7）。

4-6 ヒメミミズの生態型による分類

生態型	主な機能	主な種類(種または属段階)
堆肥型	腐植化	シロヒメミミズ
枯葉型	腐植化	ツリヒメミミズ・ミズヒメミミズ
表層型	撹拌・粉砕	コブヒメミミズ・ミズヒメミミズ
土壌型	構造形成	ケナシヒメミミズ・ハタケヒメミミズ

4-7 ミカサヒメミミズの卵保護活動 (Nakamura & Minakoshi 2002)

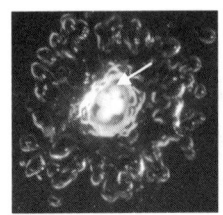

保護された卵包

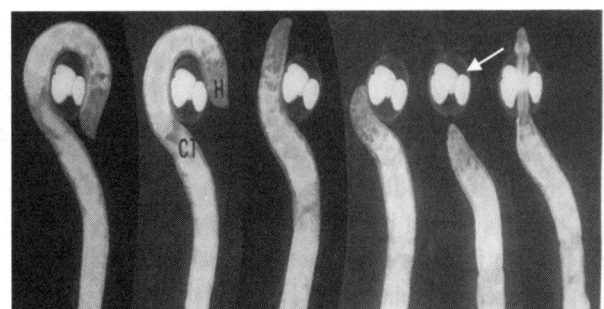

卵(矢印)の保護行動の動き(右から左へ)(H:頭部　Cl:環帯)

4-8 ヤマトヒメミミズの砕片分離能力

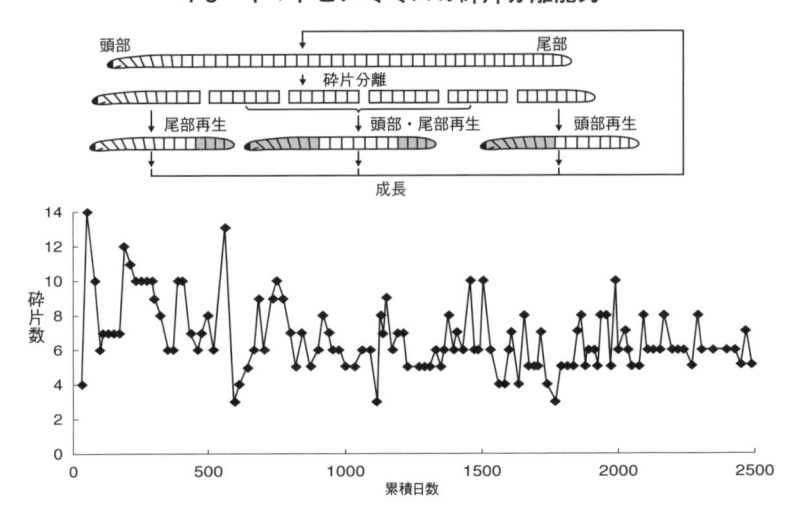

切れると増えるヤマトヒメミミズ

「砕片分離」は、体が多くの断片に切れ、それぞれが新体節を増加して体を形成して増殖する無性生殖の最も原始的な方法である。ヒドラなどの例が知られているが、ヤマトヒメミミズもそれと同じ繁殖法を行う。砕片分離する種類は世界で8種類が知られており、日本ではヤマトヒメミミズが唯一知られる。ヤマトヒメミミズの繁殖は砕片分離が主であるが、例えば飼育を寒天培地から有機質土壌に変更するといった飼育条件の劇的変化があると、有性生殖も行う。その理由は明らかではない。

ヤマトヒメミミズの同じ頭部（または尾部）からの再生と砕片分離が、いつまで続くかを調べてみた。まず砕片分離直後の頭部を含む砕片を新しい容器で飼育し、その後毎回の砕片分離時に頭部砕片のみを新しい容器に移し飼育した。同じように尾部を含む尾部砕片のみを飼育した。その結果、死亡までの砕片分離の回数、1回の砕片数、砕片分離間隔の日数および生存日数の平均は、頭部砕片が35.3回、6.2片、20.4日および726日、尾部砕片が11.4回、6.0片、24.0日および275日であった。頭部砕片と尾部砕片とも、1回の砕片数と砕片分離間隔日数が、生存日数の増加にともなって、増加あるいは減少するという傾向は認められなかった。最大の砕片分離回数と生存日数は、頭部砕片の場合122回で2459日要し、尾部砕片では85回と2463日で、砕片分離能力には終わりがあった（4-8）。

内部に侵入しての食事

植物質と細かい鉱物、トビムシやササラダニの糞、枯れ葉に繁殖した糸状菌や細菌、分解途中の動物死体等を食べる。腸からセルラーゼ・ムラミン酸加水分解酵素・アミラーゼ等いろいろな酵素が検出される。選択して食べているのかどうかははっきりしない。

小さな種類はすでに褐色でやわらかくなった落ち葉のまだ葉緑体を含む内部に侵入し、表皮を持ち上げて食べ、葉脈が残される（4-9）。大きな種類は葉の内部に侵入せず、小片に引きちぎる。枯れた麦稲茎なども内部に侵入しやわらかい組織を食べ、根の腐れた部分をはぎ取る。3g

4-9 ヒメミミズに食べられた葉

葉脈が残る

の葉（カエデ）を300個体が葉脈を残して食べ尽くすのに3か月かかった。ブナなど11種の枯れ葉に対し体長10～15mmの大型種は、1日に最大10mgを食べた。

小動物の死体やかたいものは、あらかじめ自身の分泌液でやわらかくしてから呑み込む。これを「呑み込み前消化」と言う。また、腐生性(ふせいせい)細菌が活動してやわらかくなったものを食べることもある。遊離アミノ酸が体皮から吸収されることもある。

畑土壌から採取したものには、粉砕したオートミールや牛乳に浸したパンのみで飼育できる種類があり、消化酵素を自身が分泌する可能性は高い。最近になってアミラーゼ等の8種類の酵素を自ら分泌し、生息場のpH価がその活性を左右することが確認された。

体の成分と光るヒメミミズ

ヒメミミズの体成分の分析例は少ないが、魚の餌になるヒメミミズは粗タンパク質37.8％、粗脂肪17.6％、灰分4.5％、乾重21.8％である。

シベリアのタイガから、発光するヒメミミズが発見された。これまで多数記録されている大型ミミズ（日本ではホタルミミズ）の発光は、外部に流れ出た液の反応（細胞外発光）によるが、このヒメミミズの発光は体内であり、しかも体全体が光る。ヒメミミズの発光はホタルと同じ

細胞内発光かもしれない。発光には酵素と基質が必要であり、ヒメミミズとミミズでは異なる酵素あるいは基質があることが推定される。

畑に棲むミカサヒメミミズは、体の後部にニッケルの小顆粒をつくり、やがてその顆粒を含む体節後部を自ら切り離す。あたかも体内に集積した重金属を排除するようである。ニッケルは飼育容器に飼育作業のため何回もつっこまれた魚つり針から溶け出していたものであった。

生息条件はさまざま

寒地が起源のヒメミミズにとって、温度は生存を左右する。また、体皮が通水性を持つので、水分も同様である。

ある種類は9〜13.5℃を好み、17〜20℃を嫌う。高温は水分の減少につれてさらに嫌われ、水分20%ですぐに死亡し、低温で死亡率が減少する。たいがいは水分60〜95%を好む。水分80%以上を好む種、反対に20%以下を好む種もいる。北欧の森林土壌では水分が13%以下は密度を激減させ、水分が多くなるにしたがい高くなる。

また、ヒメミミズは光や化学物質などを嫌う。電子顕微鏡解析によると、口前葉、最初の体節および最後の体節の剛毛の周辺に、感覚器官が観察された。

高い耐性

海岸砂や海岸の藻屑に生息する種類は、耐塩性が高い。また、土壌の酸性化が強まると大型ミミズ類が減少し、ヒメミミズの密度は高くなる。北ヨーロッパの針葉樹林土壌はpH4前後であり、ヒメミミズが高密度に生息している。窒素肥料の散布直後は密度は減少するが、その後はむしろ無散布よりも密度が増加する。湿地ではpH上昇にともない密度が減少し、最適pHは3.6〜3.8である。

冬に高密度となる種類は、実験上では−4〜−5℃に24時間耐えた。この種類は体内に耐冷性に有効なグリセロールが含まれており、短時間なら−15℃にも耐えることができる。また、アラスカのコオリミミズは夜に雪の表面に出て、朝に雪の下に移動する。別の6種類の過冷却（氷

点下でも凍結が起こらない）は－5～－8℃であり、そのときは脱水して凍結を回避する。7月の平均気温が10℃で、1月の平均気温が－25℃となるカナダには、体長6cmの種類が生息しているが、その体皮はかなり厚くなっている。

謎の多い行動様式

移動距離は土壌の水分量に影響されるが、土壌のかたさが孔掘り行動に影響するかどうかは明確ではない。わずかな隙間から潜り込むようで、有機物があると、まずその有機物を唾液で溶かして潜り込む。実験では、4時間で数cmの孔を掘り移動した。

ヒメミミズの孔は土の中を網状に走る。内部は湿気を含み、壁は粘液で内張りされ、糞が充満することもある。孔はほぼ体幅（直径1mm以下）の大きさである。2枚のガラス板に挟まれた土では、開始から17日後までは孔隙率が増大したが、その後はむしろ減少した（上部からの土壌のずれによる）。雨滴でできた不透水性の土膜が、ヒメミミズの活動（穴掘りと排糞）で破壊され、ミミズの少ない農地では、安定した土壌構造の形成の代役を果たす。

腸内には生きたセンチュウやその断片が見られる。しかし、他生物あるいは別種や同じ種を攻撃することはないようである。眼や耳が無く、暗黒に近く砂・礫（れき）など障害物が多そうな土壌圏にて、他個体を探索し同種と認識、さらに成熟個体であるかどうかの判別はどうするのか。体表を常にヌルヌルさせるのはその識別であろうか。興味は尽きない。

壊れにくい糞

ヒメミミズの糞の繊維質は細かく、いわゆるトビムシ土壌や腐植（モダー型）形成の主役を果たす。糞の形は、粘土を含む有機質と無機質がまじると丸棒状になり、大きさは幅50～200μm、長さ200～500μmで壊れにくい構造をしている。薄片では球状に見える。砂の割合が増すと形ははっきりしなくなる。糞の大きさはpH価に左右され、pHが5.4以下では比較的小さくなり、pH値が高いと主に大型ミミズの糞を食べ、壊れに

第4章　農業の担い手となる土壌動物の素顔と活動

4-10　ヒメミミズの腸内の糞

腸内の糞はスポンジ状

くい団粒となる（4-10）。

　大型ミミズに比べ、土壌（鉱質）を食べる量が少なく、構造形成にはほとんど寄与しないと言われる。また粗腐植層の大きな粗粒状物質を食べないので、微視的に土壌の不均一性を増加させる。畑地の土を動かす量は、深さ40cmの土壌量の0.001～0.01%と推定される。しかし、この数値には土壌を体表に付着させ移動する量を加える余地がある。

ササラダニの素顔

ダニ類の中での重要群団

　土壌圏のダニ類は、気門のあり方の特徴から隠気門類（ササラダニ）、中気門類、前気門類、無気門類に分けられ、草地ではまれに後気門類のマダニも見つかる。

　イトダニ、ヤドリダニ、ハエダニなどを含む中気門類のダニは、小さな動物などを捕食する種類が多く、やや大型で活発である。

　テングダニ、ヒサシダニ、ツツガムシなどを含む前気門類のダニも、小さな動物などを捕食寄生する種類も多い。体がやわらかく体毛が目立つものが多く、やや小型である。地上性のハダニ類も前気門類である。

　無気門類のダニは、微小で無色・乳白色で目につきにくい。台所で大

発生するコナダニも無気門類である。

これら隠・中・前・無気門類の個体数割合は、林地・草地・畑地ともによく似ており、隠気門類（ササラダニ）が最も多い傾向にある（4-11）。

ササラダニは体長0.2～2mm。多くは体に厚みがあってコロッとしており外皮がかたく、褐色ないしは黒褐色である。体表に見事な亀甲模様を持つものが多い。世界では約1万種類、日本では1000種類が報告されている。

ササラダニの種類は下等群、高等無翼群および高等有翼群に分けられる。最近石垣島で見つかった高等有翼群の新種は大きな翼（翼状突起）を持ち、その表面に細かな亀甲模様が並ぶ。翼は体を包み保護する、団扇のように動かして体温を下げる、丸くして水滴を受ける、もしかすると空中を遊泳するためかもしれない、などと推察されている（4-12）。

どこにでも生息できる

ササラダニはトビムシと土壌圏の中型乾性動物類の密度を二分するが、土壌圏以外にもデパート屋上のコケ、ベランダの鉢土、プールの水、樹上、生きたロームシ（カイガラムシ）を覆う白いものなど、いろいろな生活の場を持つ。

口器（顎）の形は食性と関連し、材をかじりそうな牙、汁を吸い取りそうな尖りなどを持っており、かたい木質、枯れ葉、堆肥、菌糸、小さな動物の死体など有機物質のあるところ、どこでも生存できる。

ササラダニは、両性生殖や単為生殖で殖える。中には、オスの存在が不明のものや、メスの体内で幼体を育てる胎生の種類もある。親になるまでに脱皮したり、子と親の形がかなり異なる種類もある。寿命・産卵数など生活史のほとんどは不明である。

密度の高い優占種がいる

林地では3群（下等群・高等無翼群・高等有翼群）のうち、高等無翼群の種数と個体数が多くを占める。畑地では耕起の有無で異なり、無耕起では高等有翼群、耕起では高等無翼群の密度と種類が多い傾向にある。

第4章　農業の担い手となる土壌動物の素顔と活動

4-11　ダニの4類個体数割合(乾式篩法にて抽出)

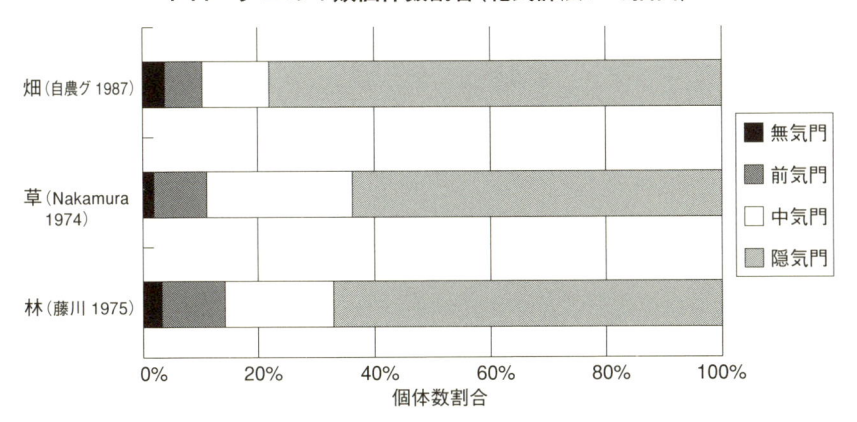

凡例：
- 無気門
- 前気門
- 中気門
- 隠気門

- 畑(自農グ 1987)
- 草(Nakamura 1974)
- 林(藤川 1975)

個体数割合（0%～100%）

4-12　隠気門類(ササラダニ)のさまざまな形

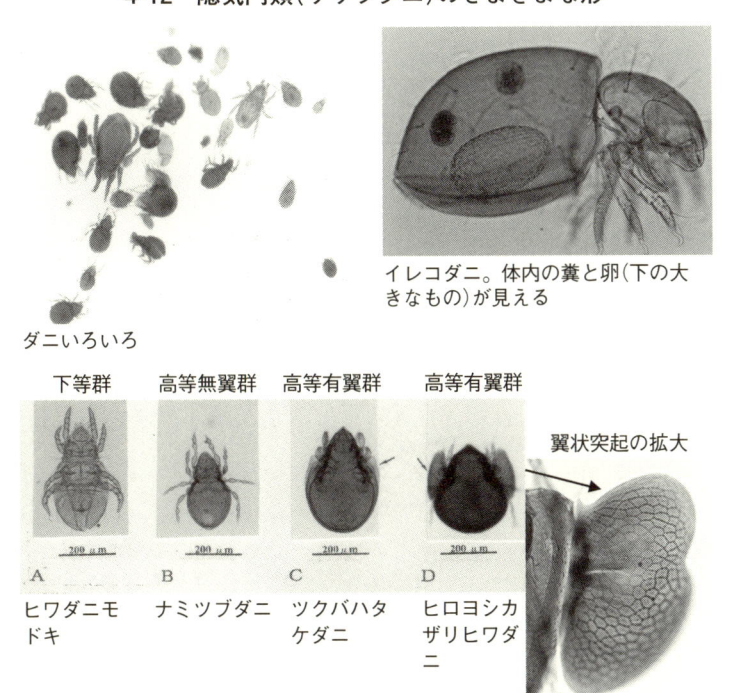

ダニいろいろ

イレコダニ。体内の糞と卵(下の大きなもの)が見える

A　下等群　ヒワダニモドキ
B　高等無翼群　ナミツブダニ
C　高等有翼群　ツクバハタケダニ
D　高等有翼群　ヒロヨシカザリヒワダニ

翼状突起の拡大

81

畑の長期間の調査（名寄の10年、筑波の4年、福島の9年）では、各地ともわずかな種類が密度が高い優占種となっており、名寄では31種類のうち4種類、筑波では33種類のうち1種類、福島では約15種類（未同定がある）のうち2種類であった。このうち筑波の1種（ツクバハタケダニ）、また福島から作物病原菌の生物防除に活躍が期待される1種（アズマオトヒメダニ）、および名寄の優占種ではない12種類は新種であった。

　3か所からほぼ毎月採集された種類はクワガタダニで、名寄の優占種であった。このクワガタダニは1880年にコケから発見されて以来、その形態変異が論議され、名寄での10年間の調査の間にも著しい変異が見られた。さらに10年間オスがまったく採集されず、体内に卵を持つメスが1年中採集された。この種は全世界に、そして土壌中から樹冠まで幅広く生息する。

　また名寄の優占種であったサカモリコイタダニは、慣行法から土壌圏法に変更してから3年目にオスの密度が増した。

トビムシの素顔

土のプランクトン

　トビムシは中型乾性動物類の中で、ササラダニとともに密度が高い。「土のプランクトン」と言われ、さまざまな動物の餌となる。多くは土中に棲むが、樹上や水際などいろいろなところにも棲んでいる。腐植、菌、花粉を食べ、肉食のものも、稲や麦の芽、キュウリの葉や根を食べる害虫もいる。寿命は1年を超えるものもあり、1年に10回以上繁殖するのもある。両性生殖が一般的であるが単為生殖も多く、まったくオスが見つからない種類もある。

　トビムシは昆虫の仲間であり、翅（はね）が無く、頭に触覚、腹の前部に粘液を出す管と後部にバネ（叉状器）を持つ。跳びはねたその行方は風まかせ、着地の仕方はでたらめであり、頭から激突することもある。たいが

第4章 農業の担い手となる土壌動物の素顔と活動

4-13 さまざまなトビムシ

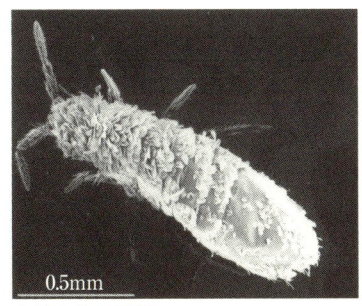

0.5mm
トビムシの背部

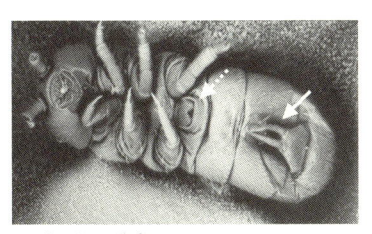

トビムシの腹部
（矢点線：粘管、矢実線：叉状器）

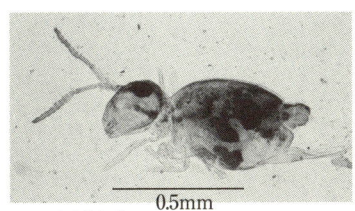

0.5mm
マルトビムシ

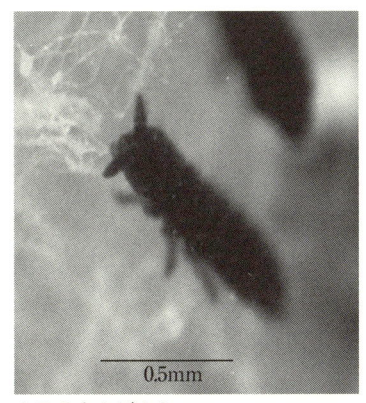

0.5mm
ムラサキトビムシ

0.5mm
イボトビムシ

1mm
アヤトビムシ

いは気門がなく、皮膚呼吸を行う。体長は1〜2mmが多いが、7mmを超えるものもあり、体色はいろいろである。体表に目立った毛を持つのもある（4-13）。

　地表近くには、長い触角、ふさふさした毛を持ち、鮮やかな赤や紫色の種類が多い。土の中には短い触角、白や灰色の種類が多い。中には土と樹上を往復する種類もいる。世界では数千種、日本では約400種が知られる。

トビムシの主な種類

　ムラサキトビムシ類：紅色や黒褐色と鮮やかで、脚が短くモソモソと動くものが多い。堆肥など湿気の多いところに棲む。富士山麓（標高950m）には、産卵を土壌中で行い幼虫初期までそこで過ごし、その後は木を上り始め最大体長に達する11月までもっぱら林冠部で過ごし、12月以降は樹幹を下り土壌中で越冬するものがいる。シイタケを食害するアミメムラサキトビムシ、排泄物から作物病（とくに白紋羽病）原菌の拮抗菌を見い出したムラサキトビムシはこの仲間である。

　シロトビムシ類：やや大型で擬眼を持つ。小麦の発芽を害するヤギシロトビムシを含む。海外ではセンチュウのシスト（親メス）を食べる種類が知られる。なお、この種類が日本ではキュウリ、インゲンなどの害虫とされているが、種類の再検討が必要である。

　イボトビムシ類：大型で、ずんぐりしたものが多い。作物病原菌の防除に活躍が期待されるチビアミメイボトビムシを含む。

　ツチトビムシ類：細長い円筒状で、触覚が短い。土壌中で高密度になる種が多い。ダイコン萎黄病の防除に活躍が期待されるヒダカホルソムトビムシを含む。

　アヤトビムシ類：毛や鱗、あるいは長い触覚を持つものがいる。脚は長く、活発に動き回る。キュウリつる割病の防除に活躍が期待されるユミゲカギズメアヤトビムシを含む。この種類は、日本で開発された土壌式汚水処理装置の、汚水浄化機能を左右する動物のひとつである。

第4章　農業の担い手となる土壌動物の素顔と活動

4-14　センチュウとヒメミミズ

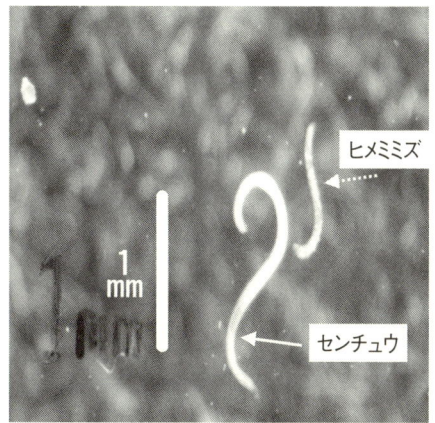

ヒメミミズより大きいセンチュウ 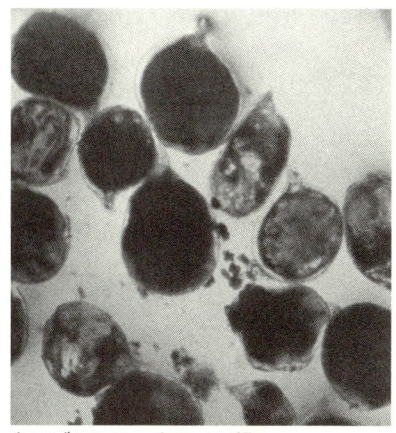　　ネコブセンチュウのメス親

マルトビムシ類：やや球状に近く、おおむね頭が垂直になり口が下を向く。脚は長く、跳びはねる。地表の湿り気のあるところや植物上に多数見られるマルトビムシを含む。

センチュウの素顔

滑らかな体表が特徴

土中のセンチュウは細長い円筒形の体形で、ヒメミミズと間違われることも多い。しかし、ほとんどのセンチュウの体表は滑らかで魚釣りのテグス状であるが、ヒメミミズ類には体節がはっきり見られるため区別は容易である（4-14）。

体長は0.5～2 mmほどで、体の外皮は単純で内部が見えることが多い。親メスは子供とはまったく形が異なり、まるで微小なクリのようになる種類（ネコブセンチュウ・シストセンチュウなど）もある。根にびっしりと、まるで根粒菌のように付着することがあり、そのような作物はかなり被害を受けている。

世界では約1万種類が知られている。密度は1m²に数百万になることもあり、密度は「耕地＞森林＞草地」の順となる傾向にある。

「害虫である」だけではない

頭部先端の構造と食道部の形から便宜的に、植物寄生性（作物を加害する）、自活性（細菌や糸状菌などいろいろ食べる）、捕食性（センチュウを食べる）の3つに大きく分けられる。逆にセンチュウも、クマムシなどいろいろな動物に食べられている。

森林では自活性が、耕地では植物寄生性が多くを占める。植物寄生性は根や葉の重要な農業害虫として、その防除が大きな課題であるが、センチュウ被害は農業技術の発達によって生み出されたとも言える。ちなみに連作障害のことを「人類創出（マン・メイド）病」と呼ぶこともある。環境にやさしい農業が求められ、クロールピクリンなどの土壌燻煙剤がまもなく禁止される今日では、同じセンチュウの仲間であっても、作物の根の病気を起こす土壌病害菌を食べる種類、根を加害するセンチュウを食べる種類、害虫に寄生する種類の活用のための研究と応用が必至である。さらに土壌圏の分解と自浄調整機能を活性化させるには、原生動物や微生物を食べる種類にも注目すべきであろう。

土壌微生物に対する土壌動物の働き

土壌動物と土壌微生物の関連には、土壌動物の食べ物としての土壌微生物、土壌微生物の食べ物としての土壌動物、粉砕による活動面の拡大といった相利作用、阻害関係などがある。

ここではとくに作物栽培に有用な微生物との関連を紹介するが、残念ながらこのことに関する試験研究は日本ではほとんど進んでいないのが現状である。

窒素固定菌に対して

空気中の窒素固定生物（細菌、放線菌、ラン藻、光合成細菌など）の中で最も積極的に農業に活用されるのが根粒菌（細菌や放線菌）だ。根

粒菌は主にマメ科植物の根にコブを形成して共生したり、土中に単独に生息する。根粒菌は、植物が利用できないガス状の窒素を利用できるアンモニア態窒素に変換し有機化することができ、大豆では窒素吸収量の50％が根粒菌から供給されると推定されている。

　ミミズをはじめ多くの土壌動物の体表面や腸内から、根粒菌が検出される。とくにミミズは、糞と一緒に根粒菌を根付近や下方に運ぶ。ミミズの糞は団粒となり、団粒内部の根粒菌は原生動物に食べられることはない。こうしてミミズは根への根粒菌の着生率を増し、また菌体内で働く酵素ニトロギナーゼ活性を高め、その結果、作物の生育が大幅に増加する。実際に温室下でツリミミズを入れて牧草を栽培すると、根粒数は3倍以上となった。

リン供給菌に対して

　土中で生活するVA菌（カビの一種でマツタケ菌もこの一種）は、菌糸が植物の根の内部に侵入、あるいは根の表面に菌糸が接着して共生的に生活することによって、可給態であるリン酸を植物に供給する。VA菌は微生物肥料として販売されており、近年収量低下が著しい京都周辺の黒大豆への利用、四国の傾斜農地の早期緑化への利用試験が行われている。

　ミミズは、VA菌の菌糸が植物の根へ感染することを助けるなど、土中にVA菌を拡散させる働きを持っている。ミミズを移植しにくい乾燥地帯の畑では、ミミズ堆肥を施用することで菌の寄生率を増加させ、苗木の根への寄生を促すこともある。

　他方でミミズの存在がむしろVA菌の密度を減少させることもある。菌糸を摂食したり、ミミズが土壌中を動き回ることで菌糸系を破壊、あるいは菌の生育環境を悪化させるのである。

動物寄生菌や拮抗菌に対して

　動物寄生菌（例：センチュウに寄生する菌）や拮抗菌（例：小麦病の成育を阻害する拮抗菌）をミミズの餌に接種し散布すると、これらの菌

はそれを食べたミミズの腸内で殖える。これらの菌をセンチュウが集まる作物の根近く、あるいは成長してくる病原菌の近くまでミミズが運搬することによって、作物の病虫害を阻止することができる。

有機物分解菌に対して

堆肥材料などの有機物の中をミミズが動き回り、食べ、糞をすることから酸素が入り込み、有機物の表面積が拡大し、窒素（粘液）や酵素が添加されることで、有機物分解菌による分解活動が活性化される。また、ミミズは繁茂した他の微生物を食べ、有機物分解菌の繁殖する場をつくる。

微生物の物質交代にも影響

ミミズの糞や腸内の酵素、植物生長促進物質は、微生物の産物である。ヒトツモンミミズを入れた土は不飽和脂肪酸の割合が高く、グラム陰性菌の増加、あるいは酵素活性（デハイドロゲナーゼ、プロテアーゼ、アミラーゼ）が増加する。すでにリン酸溶解菌がミミズの体内から分離されていることからも、ミミズは単に微生物への餌の供給源であるだけではなさそうだ。

ミミズは腸や体表から酵素など化学的仲介物を出したり、原生動物や微生物を活性化する。あるいは低濃度であるが微生物の物質交代に影響する物質、例えばビタミンを放出しているかもしれない。ミミズの糞内では微生物の脂質生成が増加し、微生物の同化効率が増加することもある。

ミミズ堆肥には大きな団粒がある。団粒は従来から微生物生成物で糊づけされていると言われる。ではなぜ、微生物活動のみの発酵堆肥に大きな団粒がないのか。ミミズが関与することで、微生物が異なる物質を生成するのであろうか。ここにも検討の余地がある。

第 5 章

土壌動物を生かした土壌圏活用農業へ

土壌圏活用の必要性

　現在の作物は、極論すれば、多量に化成肥料を要求する、病害虫と気象災害に弱い奇形な植物である。十分な施肥、病害虫の防除、気象や土壌などの環境ストレスの緩和、競合する雑草の防除といった人類による保護なしでは育つことができない。そのために、これまで莫大な資金と人材が投入され、多様な技術が生み出されてきた。

　安心と安全を作物に求めるならば、その技術を土壌圏活用の視点から再検討することが必至である（5-1）。しかし、例えば根の栄養源を化成肥料から有機物に変更するとなると、有機物をすみやかに作物養分に変換する担い手を土壌生物（微生物も動物も）に依存せざるをえない。そのためにも、土壌生物の生活を知ることが大切である。

　農法の変更にともなう土壌圏の3性質（物理性、化学性、生物性）の

5-1　慣行法から土壌圏活用法への農法の変更にともない担い手は土壌動物へ
（中村1999をもとに作成）

部位	対象	慣行法	土壌圏活用法	《機能》	担い手は	（主な動物群）
茎葉実（地上部）	病害虫	薬剤	無薬剤	《防ぐのは》	生物	多様性（捕／菌食者）
		組換体	茎葉の体質強化	《強化するのは》	生物	多様性（デトリボーラ）
	雑草	薬剤	ワラ／草被覆	《防ぐのは》	生物	多様性（捕／菌食者）
		組換体	遷移	《防ぐのは》	生物	遷移中断（共栄植物）
		ポリマルチ	ワラ／草被覆	《防ぐのは》	生物	多様性（捕／植食者）
		耕起	省・無耕起	《耕すのは》	生物	多様性（土食者）
根（地下部）	病害虫	薬剤	無薬剤	《防ぐのは》	生物	多様性（捕／菌食者）
		組換体	根の体質強化	《強化するのは》	生物	多様性（デトリボーラ）
	栄養源	化成肥料	有機物	《栄養にするのは》	生物	多様性（デトリボーラ）
		耕起	省・無耕起	《耕すのは》	生物	多様性（土食者）

※　多様性：遺伝子・種・生態系　　デトリボーラ：主に腐植食者

変化、さらに3機能（生産機能、分解機能、自浄調整機能）の活性化はすぐには期待できない。作物生長の変化も、確実ではあるが緩慢である。第3章で述べたように、有機物を畑の外から持ち込む試験では、慣行法の収量近くに追いつくのに数年を要した。農業は経済活動であり、採算を度外視することはできない。低収量の負担を緩和するために圃場（ほじょう）の一部から順繰りに変更していき、数年をかけて乗り切っていくのも一計であろう。

この章では、農法を変更する際に必要な生物、とくに土壌動物の多様性の意義とそのための条件づくりの案を紹介する。

土壌動物の多様性を高める意義

土壌圏を活用した作物生産には少なくとも、「作物の栄養要求」「有機物からの養分の滲み（にじ）」「滲みを起こす分解機能」「生物密度」の4つの変動が同調する必要がある。そのためには生物の多様性、とくに分解機能に関わる土壌動物の多様性を高めることが肝要となる。

生物の多様性が高いと、環境変動に常に即応できる予備の多様な動物群・種を持つことになる。このことで、気象や土壌管理が起こす作物の環境の変動によって平常時に重要な役をこなしていた動物群・種の機能が低下したり、新しい機能が必要となったときに、その機能を予備の動物群・種に対応させることができる。つまり、多様な土壌動物が多様な病原菌を摂食（直接・間接）したり、病原菌の増殖条件を悪化させ、作物への感染と発病を阻止するのである。また病原菌を食べる動物の餌としての菌が存在しないときは、多様な動物が代わりの餌となる。

また多くの作物の病害は、作物のカルシウム吸収量が増加すると発病が抑制される。つまり作物自身の抵抗性が高まるのである。土壌でミミズが活動すると、土壌の分解機能と自浄調整機能が高まり、土壌中の吸収しやすい形のカルシウム含量が増加する。こうしたカルシウム含量の多い土壌では、もちろん作物のカルシウム吸収量が増加し、作物の抵抗

性が高まる。まさにミミズがその条件を創り出すのである。

土壌動物の多様性を高める条件

　一般的に土壌動物の多様性（種類数）は、「林地＞草地＞耕地」となる。例えば林地ではササラダニ類が、わずか表面積20㎠、深さ5㎝（100㎖）に17種類が混在するところもある。無農薬・無化成肥料・落葉被覆を20年以上続けた30㎡の畑地からは、36種類が採集された。一方、機械と化学物質に強く依存する近代的農法の畑では、わずか1～2種、あるいは0種のこともある。

　土壌動物の多様性を高める条件には、次のようなものがある。

多様な餌の同時存在

　森には新鮮な葉、枯れ葉、腐った葉、菌が付着した葉、ほとんど識別がつかなくなった葉など、いろいろな段階の葉が堆積する。そこには枯れ葉を食べる動物（植食性）、葉についた菌を食べる動物（菌食性）、これらの動物を食べる動物（捕食性）、あるいはいろいろ食べる動物（雑食性）が同時にいる。1枚の落ち葉を始まりとする連鎖、この場合は枯れ葉という食べ物でつながった生きものの鎖ができる（5-2）。

　また、枯れ葉の変化に応じた枯れ葉を食べる動物組成の遷移、およびこの動物組成の遷移に応じその動物を食べる動物組成の遷移もある。この鎖が多数絡み合い、土壌動物の高い多様性が維持されるのである。

　長年にわたって無農薬・無化成肥料・落葉被覆された畑にも、また雑草を刈り取り粉砕し被覆を9年間続けた畑にも、薄いが腐植層が創られていた。林地と同様に、この腐植層が土壌動物の多様性を高めるのである。

多様な環境の同時存在

　ミミズの棲む土壌には、ミミズの通過孔や、根が枯れた跡の孔がある。さらにはミミズの糞にも小さな隙間がある。これらを水に入れると、ブクブクと泡が出てくるのが、この証拠である。

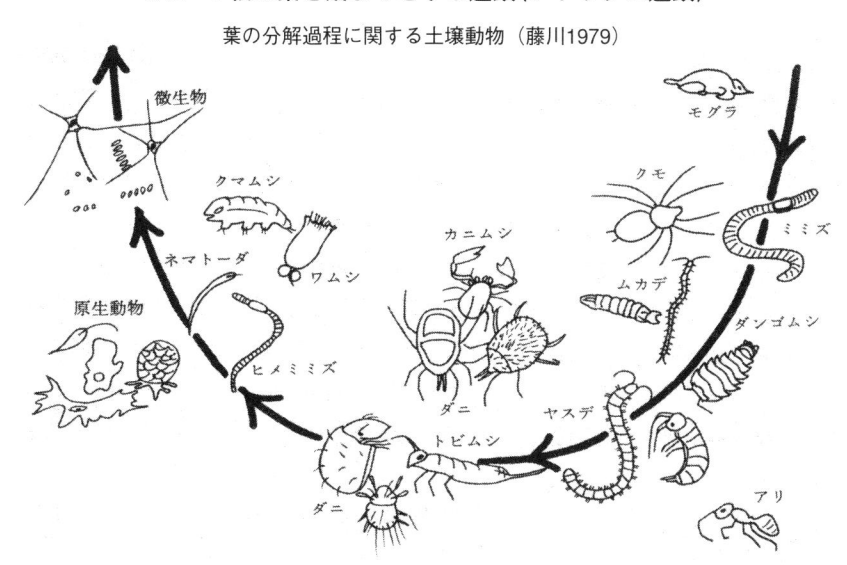

5-2　１枚の葉を始まりとする連鎖（デトリタス連鎖）

葉の分解過程に関する土壌動物（藤川1979）

　これらの水と空気が混在した孔や隙間は、多様な微生物や動物が暮らすことができる環境をつくり出している。大きな隙間は大型類の、小さな隙間は中小型類の、ごく小さい隙間は微小型類や微生物の棲みかとなる。隙間の水の膜には水性動物が、湿っぽいところには湿性動物が、そしてやや乾燥したところには乾性動物が棲む。多様な動物が多様な環境を十分活用しているのである。

根の存在

　根の表面や近くには、いろいろな動物が棲む。ときには特定の動物がいることもある。そして、根が伸びるとともに棲み場が広がり、動物の密度は増す。枯れた根も同様に動物を集める。

　根は炭水化物（ブドウ糖など）、アミノ酸（グルタミンなど）、有機酸（リンゴ酸など）、核酸あるいは酵素などを分泌する。また、根の細胞そのものも脱落する。動物はこれらを求めて根の周囲に棲んでおり、根の

分泌物がその存在を可能にしている。一方、葉がアブラムシに害されると根の分泌物が減り、根の周囲のセンチュウ数が減ることがある。このように、根の周囲の生物多様性は根の量と分泌物の内容や量と関連するのである。

さらに根が枯れ、分解されると孔が残り、そこは動物の棲みかとなる。雑草も根をつくるのであるから、雑草を活用しない手はない。

根を動物、微生物、分泌物、さらに富栄養の団粒が囲めば、土壌圏を活用した農場として申し分ない。まるでミミズの腸内で生長する根のようでもある。

多様性を高める条件を保証する技術

土壌動物の多様性を高めるための条件には、次のようなものがある。

耕起が少ない

耕起とは、土の通気性を良くして根に必要な空気を与え、有効な微生物に必要な酸素や窒素を供給、また土の孔隙率(こうげき)、保水性や透水性を高め、根の伸長を助け、さらには土の反転によって残渣物や雑草を土壌内に鋤(す)き込むことである。ところが土壌動物にとって耕起は、体が切られ、棲み場（ミミズ孔）も壊されるため、大きな痛手となってしまう。

土壌動物の密度は、「溝切り（約1 cm）＞播種幅のみ耕起（約10 cm）＞全面耕起」となる（5-3）。

湿潤熱帯では「森林から転換した農耕地の生産性を維持するには、ミミズの活動が保証される無耕起栽培が適する」とされており、寒冷地帯でも無耕起が推奨されている。日本でも最近になって「耕しても保水力を左右する毛管孔隙は増加しない」「黒ボク土（農耕地が多い）はもともと耕起の必要のない土壌」といった説が出ている。

化学物質の投入が少ない

被覆材や薬剤、肥料などの化学物質は、土壌動物に対して直接的（殺傷、繁殖不能化）、間接的（残効や土壌圏の変化）に影響するが、その

第5章　土壌動物を生かした土壌圏活用農業へ

5-3　耕起の土壌動物への影響

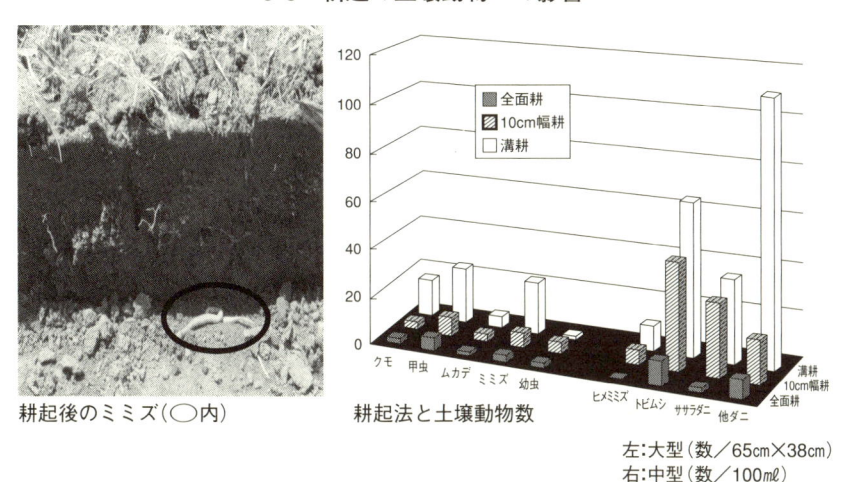

耕起後のミミズ（○内）

耕起法と土壌動物数

左：大型（数／65cm×38cm）
右：中型（数／100mℓ）

5-4　被覆材の土壌動物への影響　（松山市：板垣2004をもとに作成）

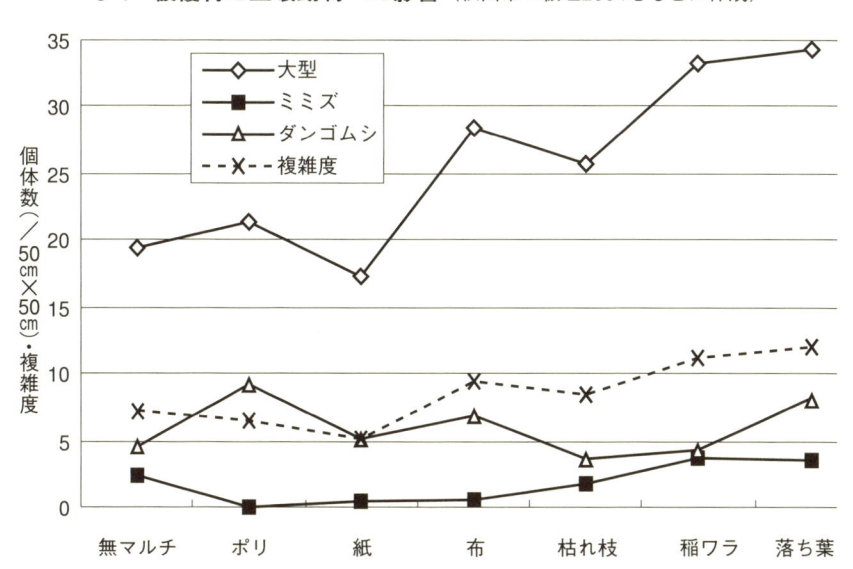

判断には長期を要する。

　被覆材に黒ポリ（無機質資材）、落ち葉（有機質資材）などを用いてサツマイモを栽培したところ、大型土壌動物の数と種類数は落ち葉を被覆材としたほうが多かった（5-4）。黒ポリを被覆材としたほうは、土壌動物の種類が単純でミミズも見られず、ダンゴムシが多かった。有機質資材は餌にもなるが、無機質資材は光や水を遮断し、地温の上昇と水分減少をともなうため、土壌動物の生存は厳しいと言わざるをえない。

　果実の色付け反射シートは、わずかな期間使用されるだけでもダニやトビムシなどの密度を減らす。草生栽培での使用は草を枯らし、一時は動物密度を高めるが、その密度は維持されない。

　化学合成薬剤が土壌動物へ直接悪影響を及ぼすことは、これまでにも多数報告されている。しかしその影響は、土壌動物の種類、薬剤の内容、施用量や回数（年数）によって大きく異なり、一定の傾向をつかむことはできない。例えば堆肥の素材が異なる畑に農薬（エルサン、スミチオン、シマジン）を散布した場合、中型動物類の密度への影響は堆肥の素材と動物類で大きく異なり、むしろ農薬散布したほうが増える動物類もあった。しかし散布年数が多くなると、いずれの動物類も減少した。

　農薬も、農薬登録の基準に土壌動物が斟酌されない現状では、化学合成薬剤の使用は控えたほうがよい。農薬は作物体に散布するのだが、それが土壌に入り込むのは避けられないからだ。最近の農薬は環境に配慮され、殺傷力が直接的に目に触れにくく、むしろ影響の判断が以前に比べ困難になった。

　特定薬剤である木酢液は強酸性（pH 2）のためか、トビムシやヒメミミズは直接触れると死亡するが、しかし土壌中ではpHは緩和されるため、死亡率は減少するかもしれない。また木酢液は土壌中での分解が容易とされ大きな影響は考えにくいが、なお検討が必要である。

　化学肥料は単肥から配合、現在は被覆されて使用されている。リン酸肥料の多用がダニ類の構成（前・中・無・隠気門類）を大きく変化させ

5-5　土壌動物のたまり場

慣　行　法　　　　草　地　　　土壌圏＜無耕起＞法
　　　　　　　（土壌動物のたまり場）

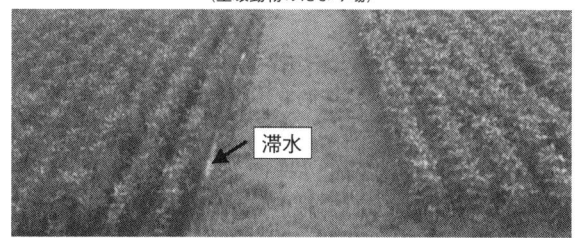

滞水

降雪時の播種1か月後の大麦（上）と降雨時の播種2か月後の大豆（下）

たとの報告もあるが、最近では肥料との関連の試験が少なく、その直接的影響は明確でない。

土壌動物のたまり場をつくり、継続する

　飛来害虫が定着して害を起こすのは、その場の環境が害虫にとって適しているからである。同じく農地周辺の土壌動物も、常に侵入の機会をうかがっている。畝間など農地周囲に土壌動物のたまり場を設けることは、土壌動物にとって適した環境となり、避難場にもなる（5-5）。

　土壌動物には、繁殖するまでに長くかかる種類がいる。ミミズは可能なかぎり良い条件を整えても、侵入増殖してある程度の密度になるには数年が必要となる。多様性を高めるには、土壌動物にとって適した環境を長期に継続することが肝要である。

　土壌圏活用農業から収穫された作物の成分や玄米粒の構造は、その農法が長期に継続されれば、なおいっそう慣行農法産との差異が大きくなる（5-6）。

在来のミミズを移入

〝土壌圏の技術者〟であるミミズの移入は、的確な種類と方法で行わないと、とんでもないことが起こることがある。ハブ駆除に移入されたマングースが害獣となったような例は多々ある。緑化事業においては在来、外来を問わず、その場にふさわしい植物を選択して植栽する「適地適栽」が現実的という意見もある。しかしミミズに関しては、まずは在来種の移入（復活）が必要であろう。つまり地域に密着した種類の活用である。

シマミミズは堆肥とともに土に入るが、その後は殖えない。土の上にワラをのせ、このシマミミズとヒトツモンミミズ（フトミミズ類）を入れると、シマミミズでは100日後もほとんど土とワラはまじらないが、フトミミズではわずか10日で土とまざった。

農耕地にミミズ（土壌動物）を移入した例はまだ少ないが、その事例を次に挙げておく。

黒ボク土畑の地表に、近くの菜園から採取したヒトツモンミミズを菜園の枯れ葉とともに置いた。移入後は無耕起とし、収穫物残渣と刈り取った雑草を粉砕して被覆したところ、ミミズの移入効果は数年に及んだ。移入の際には、まえもって牛糞堆肥を散布するとよいようだ。

重粘土畑では、近隣の針広混交天然林の林床堆積物を集め、作物栽培中の畝間に広げた。その結果、バライロツリミミズおよびイシムカデとササラダニの6種が持ち込まれた。

落ち葉や落ち葉堆肥の畑地への投入は、かつては全国で行われていた。現在でも一部で行われており、例えば高知県の山間にある温室（ナス、イチゴ栽培）では、カヤや広葉樹の落ち葉を切断し短期間堆積した後、無耕起（すでに8年継続）の畝上に被覆されている。ここではフトミミズ類やトビムシ、ササラダニが多数採集され、作物の出来はもちろん素晴らしい。ミミズ類が落ち葉とともに持ち込まれたのかどうかは定かでないが、被覆された落ち葉などがミミズをはじめ多様な土壌動物相を育てているのはまちがいない。

第5章　土壌動物を生かした土壌圏活用農業へ

5-6　土壌圏活用農法の長期継続、長期保存で差があらわれる

土壌圏活用法においても管理条件が交点（有意差）までの年数を決める
（●有意差有り；×有意差無し）

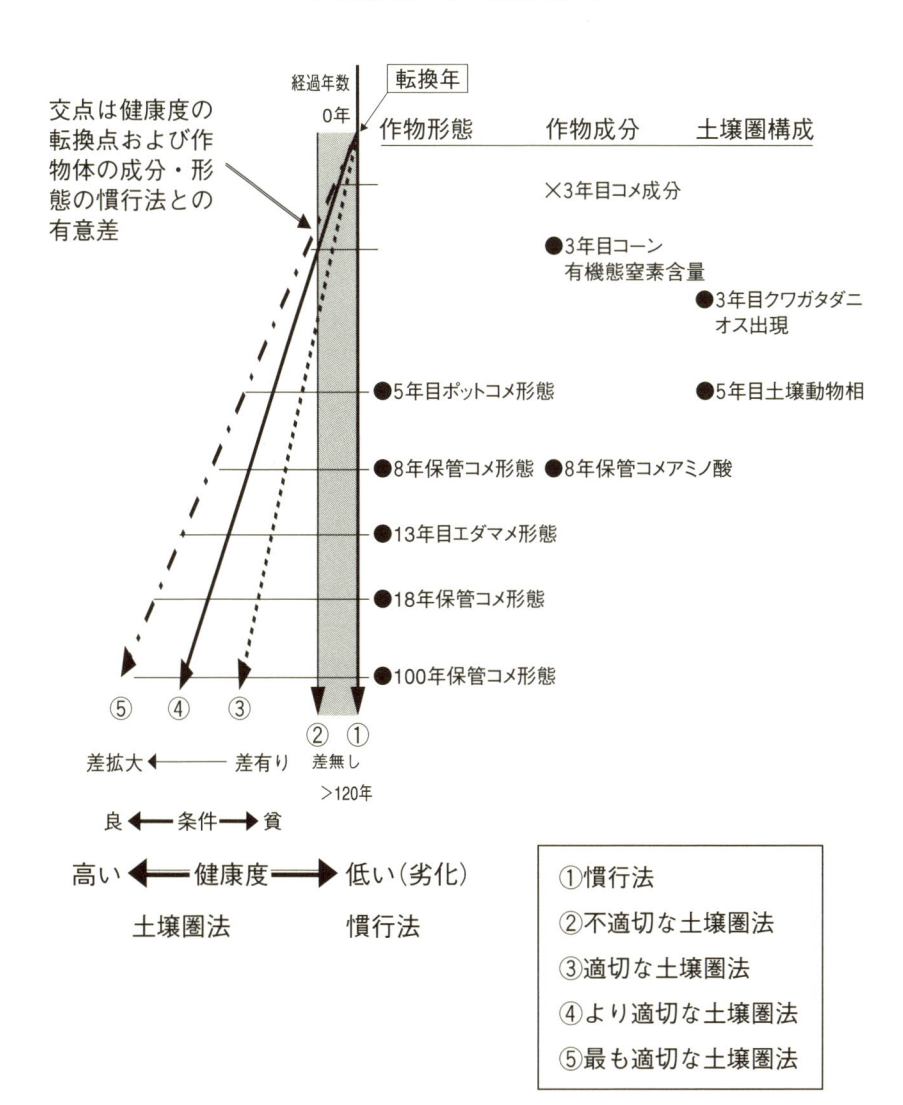

経過年数
0年　転換年

交点は健康度の転換点および作物体の成分・形態の慣行法との有意差

作物形態　　　　作物成分　　　　土壌圏構成

×3年目コメ成分

●3年目コーン
　有機態窒素含量

●3年目クワガタダニ
　オス出現

●5年目ポットコメ形態　　　　　　　●5年目土壌動物相

●8年目保管コメ形態　●8年保管コメアミノ酸

●13年目エダマメ形態

●18年保管コメ形態

●100年保管コメ形態

⑤　④　③　　②　①
差拡大 ← 差有り　差無し
　　　　　　　　　>120年

良 ← 条件 → 貧

高い ← 健康度 → 低い（劣化）
土壌圏法　　　慣行法

①慣行法
②不適切な土壌圏法
③適切な土壌圏法
④より適切な土壌圏法
⑤最も適切な土壌圏法

1960年代、札幌のミミズ（主にカッショクツリミミズ）類が多数いる牧草地から、釧路の牧草地に移入された。牧草地に土の塊（ミミズを含む）をばらまいたと思われる。ところが、その後になぜか草地が耕起（更新）されてしまい、ミミズが定着したかどうかは不明となった。最近の調査（2002年）では、この種類は見つからなかった。耕起が原因なのか、または冬期間は深くまで土壌が凍結するからかもしれない。

二重被覆で土壌圏活用を創造

　最後に、土壌圏を活用するための技術をまとめておこう。
　畑の土壌は撹乱（かくらん）を避け、無耕起とする。それは全面でなく畝だけでもよい。種は溝切りして蒔（ま）く。
　地表面にはまず堆肥など分解しやすい有機物を、次いでその堆肥材料（落ち葉などの有機物）で被覆する。つまり、二重に被覆するのである（5-7）。雑草は養分の供給源として適宜刈り取って粉砕し、被覆材と

5-7　二重被覆（中村1991、1998改編）

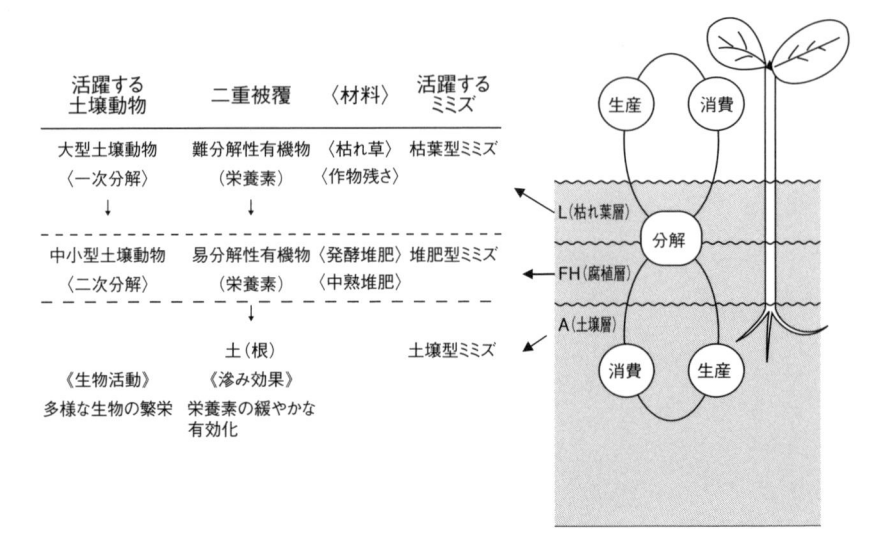

活躍する 土壌動物	二重被覆	〈材料〉	活躍する ミミズ
大型土壌動物 〈一次分解〉 ↓	難分解性有機物 （栄養素）	〈枯れ草〉 〈作物残さ〉	枯葉型ミミズ
中小型土壌動物 〈二次分解〉 ↓	易分解性有機物 （栄養素） ↓	〈発酵堆肥〉 〈中熟堆肥〉	堆肥型ミミズ
《生物活動》 多様な生物の繁栄	土（根） 《滲み効果》 栄養素の緩やかな 有効化		土壌型ミミズ

L（枯れ葉層）
FH（腐植層）
A（土壌層）

生産　消費
分解
消費　生産

する。収穫物を除く茎葉なども粉砕し、被覆材料とする。粉砕とともに被覆できない場合は、野積みする。

　用いる堆肥はミミズ堆肥が望ましい。堆肥製造場が野積みであれば、さまざまな土壌動物や土壌微生物が侵入する。発酵堆肥は野積みしてから使用する。そうすれば野積み中に侵入した土壌動物は堆肥とともに持ち込まれ、土壌動物相の多様性が増す。

　水田では、収穫後から春の植え付けまでの期間を二重被覆する。この期間に活動する土壌動物は多く、例えばヒメミミズは、水のある期間に活躍したミズミミズが落水以降少なくなるのに反して多くなり、活躍を始める。さらにミミズも畦（土）から入り込み、冬期間に土づくりがされる。

　被覆物が土壌動物の棲みかを提供し、餌となり、しだいに分解し栄養素がじわじわと滲み出す。被覆物は、土壌表面を雨、太陽光、風から保護し、適度な水分を確保し、雑草の発芽を抑制する。融雪は早まり、少しの雨なら畑に入ることもできる。

　二重被覆を継続すれば、森の土壌のように地表近くに落葉層と腐植層が創られ、多様な土壌動物が生活可能となる。今後はpHなどの土壌診断とともにミミズ、ヒメミミズ、トビムシ、ササラダニ数の測定も必要になるだろう。

　これからの農業は、「生態系」「土壌圏」「遷移」「連鎖」「階層」の認識が勝負の分かれ目となるであろう。農業はまさに「脳業」なのである。

あとがき

　長い間、もの言わぬ草、牛、汚水そして作物などと、土に棲む生きものを介して接してきました。もの言わねど、こちらの対応の仕方により相手の反応も異なることを学び、『ミミズと土と有機農業』(創森社)を1998年に刊行することができました。その内容の良し悪しは別として、その後の日本農業はまさに有機農業へ向けた急展開と言わざるをえません。

　2000年に、農業基本法が「食料・農業・農村基本法」として38年ぶりに改正され、その他ＪＡＳ法の改正や持続農業法、リサイクル法を含め、農業に関連する法律が数多く改正、制定されました。『日本農業新聞』などの読者である私は、毎日複雑な気持ちを抱きます。紙面に《有機》の文字がない日はなく、多くの道の駅やスーパーでは、有機農産物を置いています。はたしてこれはブームなのか。

　海外では日本向けの有機農産物を栽培する。日本は太刀打ちできるのであろうか。

*

　そして4年前から、もの言う若い人と接する機会が与えられました。本書は大学院生対象の「作物環境土壌動物学」の講義内容に基づいております。

　これまで土の生きもの、とくにミミズを試験研究の対象としていたので、所属が生物学教室ではなく、作物学教室であることに奇異を感じる方が多くおられ、大丈夫かと心配されます。

　大学応募時の《教育研究に対する抱負》として掲げた、【作物学における従来の情報・理論や農業技術を再検討し、新しい情報・理論を探索し、それに立脚した「環境に優しい」技術を構築することは、極めて純粋な自然科学的視点の要求であるとともに、国民の健康・経済や地球全体の経済的視点と人類の存亡などの社会学的視点の要求でもあること

あとがき

を、語りかけたい】という気持ちで、講義に臨んでおります。しかし毎日が自問の連続です。

*

　本書では前著の表題＜有機農業＞ではなく、＜土壌圏活用農業＞を用いましたが、この２つはけっして同義語ではありません。

　農水省は有機農業を「農業の有する物質循環機能などを生かし、生産性の向上をはかりつつ環境負荷の軽減に配慮した持続的農法」(1992年)としています。その結果として、日本農業はいまなお農薬、化成肥料などの人工的化学物質を排除する農法へと発展できないでいます。それは生産の場である農地についての認識が不完全であるからであり、とりわけ土壌圏を構成する生物としての土壌動物についての情報が不足していたからです。土壌動物に関する情報が集積しつつある今日、あらゆる農業技術が再検討（検証）されることを願うものであり、本書がすこしでも考慮されるならば、存外の喜びであります。

*

　本書に示された数値の大半は、農水省在籍中に得たものです。多くの方々、とりわけ事務方と業務部門方の援助なしでは、とうてい得ることができなかったことでしょう。深く感謝します。

　記述にあたっては、多くの著書を参考にさせていただきました。最後に本書の執筆をすすめてくださった版元の相場博也様、編集関係の方々、本当にありがとうございました。

2005年5月25日

中 村 好 男

堆肥化づくりに活躍するシマミミズの
粘液は薬となる

主な参考文献

岩田進午『土のはなし』（大月書店、1985年）
久馬一剛ら編『土壌の事典』（朝倉書店、1993年）
八幡敏雄『すばらしき土壌圏』（地湧社、1989年）
ホイッタカー『生態学概説』（宝月訳、培風館、1974年）
毛管浄化研究会編『土壌圏の科学』（土壌浄化センター、1983年）
中村好男『ミミズと土と有機農業』（創森社、1998年）

著者プロフィール

●中村好男（なかむら・よしお）

1942年、静岡県浜松市生まれ。浜松商業高校、帯広畜産大学卒業。北海道大学大学院農学研究科農業生物学専攻修士・博士課程修了。農学博士。1970年、農林水産省草地試験場勤務。農業技術研究所（現在の農業環境技術研究所）を経て、東北農業研究センター畑地利用部上席研究官を務める。

1976年から1年間、ヒメミミズ研究のためコペンハーゲン大学（デンマーク）に国費留学。ミミズの研究歴は30年余り。日本土壌動物学会、毛管浄化研究会の会員。尾瀬総合学術調査団調査協力員、国際標準化機構ISO／TC190国内専門委員、SC4／WG2担当およびSC4／WG2主査などを歴任。現在、愛媛大学農学部教授（作物学教室）、農業・生物系特定産業技術研究機構フェロー。

主な著書に『ミミズと土と有機農業』（創森社）、『土壌生物を考える』（共著、環境科学総合研究所）、『土壌動物生態研究法』（分担執筆、北沢右三編、共立出版）、『土壌動物の生態と観察』（分担執筆、渡辺弘之監修、築地書館）、『土壌環境分析法』（分担執筆、土壌環境分析法編集委員会編、博友社）、『土壌の事典』（分担執筆、久馬一剛ら編、朝倉書店）、『丘陵地の自然環境』（分担執筆、松井健ら編、古今書院）。

土の生きものと農業

2005年9月10日　第1版発行

著　　者──中村好男

発　行　者──相場博也

発　行　所──株式会社 創森社

〒162-0822 東京都新宿区下宮比町2-28-612
TEL 03-5228-2270　FAX 03-5228-2410
http://www.soshinsha-pub.com
振替 00160-7-770406

組　　版──有限会社 天龍社

印刷製本──中央精版印刷株式会社

落丁・乱丁本はおとりかえします。定価は表紙カバーに表示してあります。
本書の一部あるいは全部を無断で複写、複製することは、法律で定められた場合を除き、著作権および出版社の権利の侵害となります。

ⓒ Yoshio Nakamura 2005 Printed in Japan ISBN4-88340-192-8 C0061

〝食・農・環境〟の本

農的小日本主義の勧め	篠原孝著	本体1748円
土は生命の源	岩田進午著	本体1553円
癒しのガーデニング	近藤まなみ著	本体1500円
ブルーベリー 栽培から利用加工まで	日本ブルーベリー協会編	本体1905円
森に通う	高田宏著	本体1524円
園芸療法のすすめ	吉長元孝・塩谷哲夫・近藤龍良編	本体2667円
ミミズと土と有機農業	中村好男著	本体1600円
身土不二の探究	山下惣一著	本体2000円
やすらぎのガーデニング 育てる・彩る・楽しむ	近藤まなみ著	本体1600円
雑穀 つくり方・生かし方	ライフシード・ネットワーク編	本体2000円
愛しの羊ケ丘から	三浦容子著	本体1429円
立ち飲み屋	立ち飲み研究会編	本体1800円
ブルーベリークッキング	日本ブルーベリー協会編	本体1524円
安全を食べたい 非遺伝子組み換え食品製造・取扱元ガイド	遺伝子組み換え食品いらない！キャンペーン事務局編	本体1429円
炭焼小屋から	美谷克己著	本体1600円
有機農業の力	星寛治著	本体2000円
広島発 ケナフ事典	ケナフの会監修 木崎秀樹編	本体1500円
家庭果樹ブルーベリー 育て方・楽しみ方	日本ブルーベリー協会編	本体1429円
エゴマ つくり方・生かし方	日本エゴマの会編	本体1600円
自給自立の食と農	岩田康子著	本体1600円
世界のケナフ紀行	佐藤喜作著	本体1800円
農村から	勝井徹著	本体2000円
	丹野清志著	本体2857円

創森社　〒162-0822　東京都新宿区下宮比町2-28-612
TEL 03-5228-2270　FAX 03-5228-2410
＊定価(本体価格＋税)は変わる場合があります
http://www.soshinsha-pub.com

"食・農・環境"の本

雑穀が未来をつくる	大谷ゆみこ・嘉田良平監修　国際雑穀食フォーラム編	本体2000円
農的循環社会への道	篠原孝著	本体2000円
台所と農業をつなぐ	大野和興編　山形県長井市・レインボープラン推進協議会著	本体1905円
一汁二菜	境野米子著	本体1429円
薪割り礼讃	深澤光著	本体2381円
熊と向き合う	栗栖浩司著	本体1905円
立ち飲み酒	立ち飲み研究会編	本体1800円
土の文学への招待	南雲道雄著	本体1800円
ワインとミルクで地域おこし　岩手県葛巻町の挑戦	鈴木重男著	本体1905円
大衆食堂	野沢一馬著	本体1500円
一粒のケナフから	NAGANOケナフの会編	本体1429円
ケナフに夢のせて	甲山ケナフの会協力　久保弘子ほか編	本体1429円
よく効くエゴマ料理	日本エゴマの会編	本体1429円
リサイクル料理BOOK	福井幸男著	本体1429円
病と闘う食事	境野米子著	本体1714円
百樹の森で	柿崎ヤス子著	本体1429円
園芸福祉のすすめ	日本園芸福祉普及協会編	本体1524円
ブルーベリー百科Q&A	日本ブルーベリー協会編	本体1905円
産地直想	山下惣一著	本体1600円
焚き火大全	吉長成恭・関根秀樹・中川重年編	本体2800円
納豆主義の生き方	斎藤茂太著	本体1300円
玄米食完全マニュアル	境野米子著	本体1333円
手づくり石窯BOOK	中川重年編	本体1500円
農のモノサシ	山下惣一著	本体1600円

創森社　〒162-0822　東京都新宿区下宮比町2-28-612
TEL 03-5228-2270　FAX 03-5228-2410
＊定価(本体価格＋税)は変わる場合があります
http://www.soshinsha-pub.com

〝食・農・環境〞の本

東京下町ワイン博士のブドウ・ワイン学入門　小泉信一著　本体1500円

豆腐屋さんの豆腐料理　山川祥秀著　本体1600円

スプラウトレシピ 発芽を食べる育てる　山本久仁佳・山本成子著　本体1300円

豆屋さんの豆料理　片岡美佐子著　本体1300円

雑穀つぶつぶスイート　長谷部美野子著　本体1300円

不耕起でよみがえる　未来食アトリエ風編 木幡恵著　本体1400円

薪のある暮らし方　岩澤信夫著　本体2200円

菜の花エコ革命　深澤光著　本体2200円

市民農園のすすめ　藤井絢子・菜の花プロジェクトネットワーク編著　本体1600円

竹の魅力と活用　千葉県市民農園協会編著　本体1600円

内村悦三編　本体2000円

農家のためのインターネット活用術　まちむら交流きこう編　竹森まりえ著　本体1333円

実践事例 園芸福祉をはじめる　日本園芸福祉普及協会編　本体1905円

虫見板で豊かな田んぼへ　宇根豊著　本体1400円

体にやさしい麻の実料理　赤星栄志・水間礼子著　本体1400円

雪印100株運動 起業の原点・企業の責任　やまざきようこ・榊田みどり・大石和男・岸康彦著　本体1500円

虫を食べる文化誌　梅谷献二著　本体2400円

森の贈りもの　柿崎ヤス子著　本体1429円

竹垣デザイン実例集　吉河功著　本体3800円

毎日おいしい無発酵の雑穀パン　未来食アトリエ風編 木幡恵著　本体1400円

タケ・ササ図鑑 種類・特徴・用途　内村悦三著　本体2400円

創森社　〒162-0822　東京都新宿区下宮比町2-28-612
TEL 03-5228-2270　FAX 03-5228-2410
＊定価（本体価格＋税）は変わる場合があります
http://www.soshinsha-pub.com